国家自然科学基金项目（52064009，52164005）
采矿工程第二批新工科研究与实践项目（E-KYDZCH20201822）
贵州大学采矿工程国家级一流本科专业建设项目
贵州省科技计划项目（黔科合支撑[2021]一般339）

煤层水压裂缝扩展规律及现场应用

康向涛 吴桂义 黄 滚／著

中国矿业大学出版社
·徐州·

内 容 简 介

本书阐述了地应力作用下低透气性煤层的水力压裂裂缝扩展规律,同时提出了基于煤层裂缝扩展规律的瓦斯抽采钻孔优化布置方法,为压裂后煤层瓦斯的高效抽采提供了借鉴。主要内容包括:第一章绪论(煤层水力压裂裂缝、真三轴压裂试验、钻孔优化国内外研究现状);第二章煤岩基本力学性质测试;第三章煤层钻孔水力压裂裂缝扩展规律研究;第四章煤层水力压裂裂缝扩展规律试验研究;第五章水力压裂对煤层瓦斯抽采钻孔优化研究;第六章煤层水力压裂的工程应用(水力压裂在煤层增透方面的应用)。本书所述研究内容具有前瞻性和实用性。

本书可作为水力压裂、矿山安全与瓦斯灾害防治等领域的科技工作者、高等院校教师、研究生和高年级本科生的参考用书。

图书在版编目(C I P)数据

煤层水压裂缝扩展规律及现场应用/康向涛,吴桂义,黄滚著. —徐州:中国矿业大学出版社,2021.10
  ISBN 978 - 7 - 5646 - 5169 - 5

Ⅰ. ①煤… Ⅱ. ①康… ②吴… ③黄… Ⅲ. ①煤岩—水压力—压裂裂缝 Ⅳ. ①TD163

中国版本图书馆 CIP 数据核字(2021)第 204438 号

书　　名	煤层水压裂缝扩展规律及现场应用
著　　者	康向涛　吴桂义　黄　滚
责任编辑	王美柱
出版发行	中国矿业大学出版社有限责任公司
	(江苏省徐州市解放南路　邮编 221008)
营销热线	(0516)83884103　83885105
出版服务	(0516)83995789　83884920
网　　址	http://www.cumtp.com　**E-mail**:cumtpvip@cumtp.com
印　　刷	江苏淮阴新华印务有限公司
开　　本	787 mm×1092 mm　1/16　**印张** 9　**字数** 225 千字
版次印次	2021 年 10 月第 1 版　2021 年 10 月第 1 次印刷
定　　价	48.00 元

(图书出现印装质量问题,本社负责调换)

前　言

　　能源是国家繁荣和经济可持续发展的基础和支撑,经济的发展往往与能源需求的上升呈正相关关系。我国是一个"富煤、贫油、少气"的国家,煤炭一直是我国的主导能源,也是重要的工业原料。过去几十年经济发展的实践表明,我国国民经济与煤炭发展之间始终保持着一种唇齿相依的依赖关系。在未来相当长的一段时间内,煤炭仍将是我国占据支配地位的主要能源。然而,我国构造运动剧烈,地质条件多变,导致煤层瓦斯赋存复杂,煤层普遍存在着低临储压力比、低渗、低含气饱和度、低孔隙率、吸附瓦斯难解吸等特征。随着开采深度的增加,煤层地应力增大,瓦斯压力和瓦斯含量加大,瓦斯灾害更趋严重,这也是目前影响煤炭工业可持续发展的重要因素。研究表明,煤矿瓦斯事故已经成为煤炭企业中死亡比例最高、危害最大的事故,瓦斯能否得到有效治理,是衡量一个煤炭企业能否持续安全生产的关键指标。可见,瓦斯依然是制约煤矿安全生产的瓶颈,瓦斯问题依然是煤矿安全生产的重中之重。

　　在漫长的地质演化过程中,煤自身结构的有机性决定了煤层在沉积成岩时内部蕴含了大量瓦斯气体。而煤层瓦斯既是一种可以燃烧的清洁能源,又是当今危害环境造成温室效应的罪魁祸首之一,所以,如何趋利避害有效综合利用煤层瓦斯,是当前研究的重要课题。

　　低透气性是我国煤层瓦斯赋存的普遍特性。据统计,我国大部分地区的煤矿为高瓦斯和煤与瓦斯突出矿井,其中95%以上的高瓦斯和煤与瓦斯突出矿井所开采的煤层为低透气性煤层,煤层渗透率一般为$(0.001\sim0.1)\times10^{-3}$ μm,瓦斯渗透性很小,抽采浓度低,抽采半径小,瓦斯治理困难。为合理高效地抽采煤层瓦斯,必须对高瓦斯低透气性煤层采取一些增透措施。当前,水力压裂作为水力化措施中增加煤层透气性的一种有效方法,不仅可以改变压裂裂缝周围煤岩体的应力状态,形成卸压区域,增大煤体的透气性,还具有湿润煤体、降低煤体的力学强度和降低煤尘的综合效果。

　　本书围绕煤层水力压裂的裂缝扩展特点,采用室内试验、理论分析和现场验证等综合性的研究方法,分析研究地应力作用下煤层水力压裂的裂缝扩展规律。全书共六章,第一章绪论,介绍了本书的研究背景、意义和国内外研究现状;第二章煤岩基本力学性质测试,进行了煤层的地应力测试;第三章煤层钻孔水力压裂裂缝扩展规律研究,介绍了水力压裂的相关理论;第四章煤层水力压裂裂缝扩展规律试验研究,分析了地应力作用下煤层水力压裂裂缝的扩展规律;第五章水力压裂对煤层瓦斯抽采钻孔优化研究,根据水力压裂后煤层裂缝卸压区域的特点,分析了水力压裂后煤层瓦斯抽采钻孔优化方法;第六章煤层水力压裂的工程应用,介绍了水力压裂在煤矿上的应用情况及水力压裂主裂缝的预测与检验。

在撰写本书过程中,查阅并参考了许多矿井瓦斯防治与水力压裂方面的国内外文献资料。工程现场工作得到了重庆松藻煤电有限责任公司领导和逢春煤矿工程技术人员的大力支持,在此表示衷心感谢。硕士研究生高璐、唐猛、王子一、江明泉、罗蜚、吴佳楠、陈孝乾、余龙哲等参与了部分理论的研究工作;本书的出版得到了贵州大学采矿工程教研室的大力支持,还得到了国家自然科学基金项目(52064009)、贵州省本科高校一流专业建设项目(SJZY2017006)、第二批新工科研究与实践项目(E-KYDZCH20201822)、贵州大学采矿工程国家级一流本科专业建设项目的资助,在此一并表示感谢。同时,感谢中国矿业大学出版社和本书编辑的辛勤劳动。

由于作者水平所限,书中难免存在疏漏和不妥之处,敬请读者批评、指正!

著 者

2021 年 5 月

目　　录

第一章　绪　论

第一节　研究背景及意义

煤为不可再生资源,是古代植物埋藏在地下经历了复杂的生物化学和物理化学作用逐渐形成的固体可燃性矿产,俗称煤炭。中国是世界上最早利用煤的国家,辽宁省新乐古文化遗址中,就发现有煤制工艺品,河南巩义市也发现有西汉时用煤饼炼铁的遗址。《山海经》中称煤为石涅,魏、晋时称煤为石墨或石炭。明代李时珍的《本草纲目》首次使用煤这一名称。希腊和古罗马也是用煤较早的国家,希腊学者泰奥弗拉斯托斯在公元前约 300 年著有《石史》,其中记载有煤的性质和产地,古罗马大约在 2 000 年前已开始用煤加热。煤炭由碳、氢、氧、氮等元素组成,是一种可以用作燃料或工业原料的黑色固体矿物。煤也是获得有机化合物的源泉。通过煤焦油的分馏可以获得各种芳香烃;通过煤的直接或间接液化,可以获得燃料油及多种化工原料。煤作为一种燃料,早在 800 年前就已经开始应用。在 18 世纪末的产业革命中,随着蒸汽机的发明和使用,煤被广泛用作工业生产的燃料,给社会带来了前所未有的巨大生产力,推动了工业向前发展,随之发展起煤炭、钢铁、化工、采矿、冶金等工业。煤炭热量高,标准煤的发热量为 7 000 cal/kg。而且煤炭在地球上储量丰富,分布广泛,一般也比较容易开采,因而被广泛用作各种工业生产原料。煤炭除了作为燃料提供热量和动能以外,更为重要的是可以制取冶金用的焦炭和人造石油,即煤的低温干馏液体产品——煤焦油。经过化学加工,煤炭可以被制造出成千上万种化学产品,所以,它又是一种非常重要的化工原料,如我国相当多的中、小氮肥厂都以煤炭作为原料生产化肥。因此,大型煤炭工业基地的建设战略,也对我国综合工业基地和经济区域的形成与发展起着很大的促进作用。此外,煤炭中还往往含有许多放射性和稀有元素,如铀、锗、镓等,这些放射性和稀有元素是半导体和原子能工业的重要原料。总之,煤炭对于现代化工业来说,无论是重工业,还是轻工业;无论是能源工业、冶金工业、化学工业、机械工业,还是轻纺工业、食品工业、交通运输业等,都发挥着十分重要的作用,各种工业部门在一定程度上都要消耗一定量的煤炭,因此,有人称煤炭是工业"真正的粮食"。

我国是世界上煤炭资源最丰富的国家之一,不仅储量大,分布广,而且种类齐全,煤质优良,为我国工业现代化提供了极为有利的条件。早在 21 世纪初,国家《能源中长期发展规划纲要(2004—2020)》已经确定,我国将"坚持以煤炭为主体、油气和新能源全面发展的能源战略。"能源是国家繁荣和经济可持续发展的基础和支撑,经济的发展往往与能源需求的上升呈正相关关系[1]。过去几十年经济发展的实践表明,我国国民经济与煤炭发展之间始终保持着一种唇齿相依的依赖关系[2],在未来相当长的一段时间内,煤炭仍然在我国国民经济的发展中占据着重要地位。我国目前是世界上最大的煤炭生产国和消费国,煤炭资源量占国内化石能源总量的95%。根据第3次全国煤炭资源预测结果,我国埋深2 000 m以内煤炭资源总量约5.57×10^{12} t,其中埋深超1 000 m的煤炭资源量约为2.86×10^{12} t,占总量的51.35%,煤炭资源分布地域广阔,煤层赋存条件多样,地质条件也极其复杂。

我国煤炭资源分布与区域经济发展水平、消费需求极不适应[3]。从煤炭资源的地理分布看,在昆仑山—秦岭—大别山一线以北保有煤炭资源储量占90%,且集中分布在山西、陕西、内蒙古3省。我国目前1 000 m以浅煤炭资源量中可靠级储量仅有9 169亿t,且主要分布于新疆、内蒙古、山西、贵州和陕西5省(区)。而经济社会发展水平高,能源需求量大的东部地区(含东北)煤炭资源量仅为全国保有资源储量的6%。中东部地区的浅部煤炭资源已近枯竭,但深部煤炭资源还相对丰富,华东地区的煤炭资源储量87%集中在安徽省和山东省;中南地区煤炭资源的72%集中在河南省。华北聚煤区东缘深部资源潜力巨大,河北、山东、江苏、安徽省深部资源量为浅部资源量的2~4倍,且晚石炭-早二叠世煤系以中变质程度的气煤、肥煤、焦煤和瘦煤为主,具有较高的经济价值。东北及华北聚煤区拥有全国13个大型亿吨级煤炭基地中的蒙东(东北)、鲁西、两淮、河南、冀中等5个大型亿吨级煤炭基地。因此,我国煤炭储量分布呈现不均衡性。

由于构造运动剧烈,地质条件多变,我国矿区的大部分煤层瓦斯赋存复杂,普遍存在低临储压力比、低渗、低含气饱和度、低孔隙率、吸附瓦斯难解吸等特征[4]。同时随着开采深度的增加,煤层地应力增大,瓦斯压力和瓦斯含量加大,瓦斯灾害更趋严重,也是目前影响煤炭工业可持续发展的重要因素[5]。煤矿瓦斯事故已经成为煤炭企业中死亡比例最高、危害最大的事故,瓦斯能否得到有效治理,是衡量一个煤矿企业能否持续安全生产的关键指标[6]。可见,瓦斯依然是制约煤矿安全生产的瓶颈,瓦斯问题依然是煤矿安全生产的重中之重。

我国煤矿事故呈现以下几个特点:一是事故总量高,近年来,全国煤矿每年死亡人数为6 000人左右,损失十分严重。二是特大事故尚未得到有效遏制,一次死亡10人以上的特大事故每年发生数十起,死亡1 000多人。特别是近年来接连发生数起死亡百人以上的特别重大事故,教训十分沉痛。三是瓦斯事故比例高,每年总死亡人数中有近1/3,即2 000人死于瓦斯事故,在特大事故中80%以上是瓦斯事故,因此,预防瓦斯事故是煤矿工作的重中之重。总结我国煤矿事故多发的主要原因如下[7-9]。

(1)生产力发展不均衡,技术和安全保障水平比较低。据统计,我国煤矿目前有27 000多处,其中生产矿井为24 000多处。在生产矿井中,国有重点、国有地方和乡镇煤矿的数量分别为800处、1 700处及21 000多处。这些煤矿中既有达到或接近世界先进水平的现代化大型煤矿,也有各方面条件比较差的中小型矿井。全国采煤机械化程度仅为40%左右,大型煤矿井下作业人员一般有数百人之多,一旦发生瓦斯事故往往伤亡惨重。而一半以上的小煤矿仍采用巷采和手工方式开采,效率低下,伤亡事故多发。

(2)瓦斯灾害严重。国有重点煤矿中将近一半是高瓦斯和煤与瓦斯突出矿井,由于对瓦斯主要灾害的发生机理尚未掌握,特别是在煤与瓦斯突出的预测、监控等方面,还有许多问题需要深入研究和探索,还不能从根本上杜绝煤矿瓦斯灾害的发生。

(3)安全生产基础薄弱,抵御事故灾害能力不足。许多国有煤矿经过几十年的开采,已进入衰老期,主要生产设备老化、超期服役,隐患十分严重。大多数小型煤矿的安全生产条件与安全生产规章制度和标准要求差距较大,在防范伤亡事故特别是重特大事故方面仍然缺乏重视。

（4）煤矿职工队伍素质较低,安全管理难度大。用工制度改革以来,煤矿职工队伍的构成发生了很大变化。大量短期合同工、临时工进入煤矿,逐步成为井下一线工作的主力,违章蛮干时有发生,直接威胁安全生产。

（5）超能力生产问题突出。当前我国经济处于快速增长阶段,煤炭需求量较大,煤炭价格上升较快。煤炭超产造成的安全隐患十分严重。

（6）企业安全主体责任不落实。一些煤炭企业没有严格执行安全生产的各项法律法规和规章制度,重生产、轻安全,重效益、轻管理,违章违规现象时有发生。

因此,针对我国煤矿事故多发的原因,相关部门及煤矿主体一定要采取一些针对性的有效措施,加强监管,安全生产。

众所周知,煤在地质演化过程中,由于自身结构的有机性,在沉积成岩时使煤层内部蕴含了大量的瓦斯气体。而煤层瓦斯既是一种可以燃烧的清洁能源,又是当今危害环境造成温室效应的罪魁祸首之一,所以,如何趋利避害有效地综合利用煤层气（煤层瓦斯）,也是当前研究的重要课题。煤层中赋存的瓦斯主要为吸附瓦斯和游离瓦斯,煤体结构为多孔性胶体结构,具有巨大的内表面积,煤体内约 80% 以上的瓦斯以吸附状态存在,只有 10%～20% 的瓦斯以游离气体状态存在于煤体裂隙当中,而游离瓦斯构成了瓦斯的流动与涌出,是瓦斯压力的来源之一[10]。煤层中瓦斯的吸附与解吸是可逆的,吸附瓦斯和游离瓦斯在外界条件不变时处于动态平衡状态,吸附瓦斯分子和游离瓦斯分子处于不断的交换之中。当外界的瓦斯压力和温度发生变化或给予冲击和振荡影响分子的能量时,分子间的平衡被破坏,吸附与解吸互逆变化,从而产生新的平衡状态[11]。在压力降低和温度升高的条件下,煤层中的吸附瓦斯会解吸变成游离瓦斯涌入采掘空间,或凝聚成高压瓦斯威胁矿井的安全生产。游离瓦斯是形成瓦斯涌出与瓦斯压力的主要动力源,因而对煤层瓦斯的治理主要是抽采游离瓦斯,一方面通过负压抽采渗透性较好的游离瓦斯;另一方面让吸附瓦斯解吸形成游离瓦斯,然后被抽采利用。虽然温度对煤的渗透率变化规律还不明确[12],但同一煤层的温度梯度变化不大;也有学者提出火烧煤层技术提高煤层气采收率[13],但该技术目前还停留在理论阶段[14]。因此,在地层中用温度升高的方法来解吸瓦斯还不现实,煤矿生产中主要采取降压解吸瓦斯的方法抽采瓦斯。

低透气性是我国煤层瓦斯赋存的普遍特性,据统计,我国大部分地区为高瓦斯和煤与瓦斯突出矿井,其中 95% 以上的高瓦斯和突出矿井所开采的煤层为低透气性煤层[15]。研究表明:我国煤层渗透率一般在 $(0.001～0.1)×10^{-3}$ μm 范围[16],瓦斯渗透性很小,抽采浓度低,抽采半径小,瓦斯治理困难,严重威胁着矿井的安全生产。因此,为合理高效地抽采煤层瓦斯,必须对高瓦斯低透气性煤层采取一些增透措施。

当前,煤矿瓦斯依然是矿井灾害的一个重大危险源,随着矿井向深部的逐步延伸,瓦斯治理仍是矿井安全生产的基础保障。水力压裂作为水力化措施中增加煤层透气性的一种有效方法,不仅可以改变压裂裂缝周围煤岩体的应力状态,形成卸压区域,增大煤体的透气性,还具有湿润煤体,降低煤体的力学强度和降低煤尘的综合效果。而水力压裂的裂缝扩展规律是形成煤层裂缝网络及卸压增透的基础,研究清楚水压裂缝的扩展规律不仅可以有效掌控水力压裂煤层裂缝扩展的有效范围、裂缝扩展形态,还可以实现瓦斯的高效抽采及瓦斯抽采钻孔的优化布置,对高瓦斯低透气性煤层瓦斯的有效抽采与煤层安全开采有着极为重要的现实意义[17]。

第二节　低透气性煤层采前抽采瓦斯的增透方法

目前煤层中瓦斯的治理主要分为煤层卸压前的预抽瓦斯、煤层开采过程中的边采（掘）边抽和煤层采后采空区及"裂缝带"等"三带"的瓦斯抽采。煤层气是储存在煤层中以甲烷为主要成分[18]，以吸附在煤基质颗粒表面为主、部分游离在孔隙中的烃类气体[19]，属于非常规天然气，是一种清洁的能源资源，但同时又是一种导致煤矿事故发生的有害气体。煤层气抽采技术能够极大降低煤矿事故的发生，其开发利用能够缓解我国的能源危机[20]。随着我国煤矿资源的大量开采，浅埋煤层已趋于殆尽，许多煤矿开采逐渐向深部延伸，深部开采面临"三高一低"问题，即高压力、高含量、高地应力、低渗透率[21-23]。同时，煤矿地质条件复杂，极大地增加了煤矿瓦斯抽采难度[24]。因此，煤矿在进行煤层开采之前，为有效抽采煤层瓦斯需对低透气性煤层进行增透处理。煤也是一种多孔性非贯通裂隙固体介质，具有丰富的孔隙结构。瓦斯赋存于煤层中，主要有吸附和游离两种状态。在无外界作用力下，两种状态的瓦斯含量保持一种动态平衡。而瓦斯抽采以抽采游离瓦斯为主，因此，降低吸附瓦斯含量，提高游离瓦斯含量对于提高瓦斯抽采效率具有重要意义。低透气性煤层抽采瓦斯，通常采取增加煤层的孔隙裂隙的方式，以形成更多的瓦斯渗流通道。煤层所受压力发生变化尤其是在卸压情况下，煤层不但发生一定程度的破坏，而且还可以使吸附瓦斯解吸为游离瓦斯，增加瓦斯的涌出量，这也是煤矿开采过程中治理瓦斯的基本措施。保护层开采便是一种典型的卸压开采方法，开采保护层使被保护层卸压，增加被保护层瓦斯的渗透性。钱鸣高院士等[25]提出的"O"形圈则是煤层在采动过程中于采空区形成的卸压增透区域，也是进行瓦斯抽采的重要区域。而采前预抽煤层瓦斯是综合治理瓦斯的重要前提，因此，如何提高未开采煤层的瓦斯抽采效率也是煤矿安全生产的当务之急。

在低透气性煤层中利用瓦斯自然运移规律来预抽瓦斯效果较差，通常需要采取一些人为方法增加煤层的透气性，常用的方法主要有松动爆破法，如中深孔爆破、聚能爆破、水压爆破等；和水力化措施，如水力挤出、水力冲孔、水力割缝和水力压裂等。

（1）松动爆破法增加煤体透气性

中深孔爆破利用爆炸产生的粉碎圈，把爆炸孔与控制孔相结合，实现煤体的定向预裂，达到卸压增透煤层的效果[26-27]。

聚能爆破是对普通爆破方法的改进，即把普通的球状或柱状装药改为具有聚能穴的装药方法，并安装聚能罩。聚能穴控制方向，爆轰产物与聚能罩增加爆炸威力，可进一步增加径向裂隙的个数和煤层渗透性[28]。

水压爆破是指在炮孔爆破时，装药结构不耦合，药柱和炮孔壁之间装水，利用水作为传能介质传递炸药爆炸时所产生的能量与压力，以此来破碎周围介质，形成裂缝等结构面，从而增加煤层透气性[29-30]。

（2）水力化措施增加煤体透气性

水力挤出是将水作为动力，通过组合钻孔施加于煤体中，使煤体发生位移，造成煤体应力重新分布；工作面前方的集中应力带前移，卸压带加长，使煤体的弹性潜能减小，塑性区增加，促使瓦斯涌出量增大[31]。而王兆丰等[32]、黄贵炳[33]从机理上对水力挤出做了较详细的论述，认为水力松动煤体卸压增透，影响范围仅限应力集中带以外的卸压带，而且只适用于软煤,且存在诱导煤与瓦斯突出的危险。

水力冲孔是利用高压水射流的冲击力量,直接冲击掘进工作面,或煤层钻孔,从而使煤层中形成较大的孔洞,实现孔洞附近范围的卸压增透[34]。水力冲孔一般先施工抽采钻孔,再换用水力冲孔喷头冲击钻孔周围的煤体。较冲孔煤层而言,煤体的膨胀变形和顶底板的相向位移使煤层充分卸压,裂缝、裂隙增加,煤层渗透性大大提高,瓦斯吸附动态平衡被打破,使部分吸附瓦斯解吸为游离瓦斯,而游离瓦斯通过裂隙、裂缝运动排出,煤层及围岩中的弹性势能和瓦斯膨胀得到了释放,煤的湿度增加,塑性增大,脆性降低,不仅消除了突出的动力,而且改变了突出煤层的性质。其中,水的作用主要体现在两个方面:一方面冲孔孔穴使周围煤体得到一定的卸压,瓦斯解吸量增加;另一方面煤体被水润湿,可塑性增加,降低了煤体内的应力集中。相对常规钻孔抽采,水力冲孔形成的孔穴直径较大,卸压范围扩大,有利于提高抽采效果;另外,其影响半径相对较大间接减少了突出煤层处理的钻孔施工量,弥补了常规预抽煤层瓦斯方式的不足。国内外科研单位和生产单位为了防止突出的发生,从防突机理和防突措施两个方面进行了研究。苏联的马凯耶夫科煤矿安全研究院率先提出了沿巷道周边开卸压槽的防突措施,利用移动式水泵对开卸压槽的工艺,在顿涅茨克煤管局基罗夫煤矿的突出危险煤层中进行了实验,显示出了良好的消突效果[35]。

水力割缝利用水力形成的高压射流在煤层中切割一定长度的扁平裂缝,裂缝面上的煤体垮落后构成缝槽,增加了煤体内的裂隙数目,也使得缝槽附近的应力重新分布,从而达到一定的卸压增透效果[36]。

我国煤矿大部分煤层的透气性都很差,瓦斯含量也很高,加上煤矿本身开采条件恶劣,所以很容易发生瓦斯爆炸事故。这不仅延误煤矿开采进程,而且还可能带来严重的经济损失和人员伤亡。同时,随着煤矿开采深度的不断加大,突然涌现的煤层增多,而煤层数量的增多也会极大地增加煤层缝隙,导致安全性方面的问题层出不穷。以往大多数煤矿煤层瓦斯治理中很难采取有效的安全防护措施,而应用水力压裂技术可提高煤层的透气性,降低煤层瓦斯含量,从而可有效抑制煤层瓦斯爆炸事故的发生,提高煤矿开采的安全性。水力压裂是利用钻孔内的高压水压力,使孔壁产生破坏,造成孔边裂缝的起裂和扩展,形成一定长度的水压裂缝网络,并在裂缝周围形成卸压区,从而增加了煤层的透气性。水力压裂是煤矿瓦斯治理中常见的技术之一,具有改善煤矿环境,平衡瓦斯含量的作用,也可降低煤矿瓦斯爆炸事故发生的概率,提升煤矿开采的安全性。水力压裂技术可以增加煤层的透气性,有利于煤层瓦斯的有效抽采。现阶段,该技术主要应用于原生态煤层结构的瓦斯治理中,以水力为动力源,使煤体裂缝之间保持畅通。其原理是采用了高于地层滤失速率的水排量,且高于地层破裂实际压力,所以在煤层开采时每一个级别都能产生一定程度的流体压力,煤层在膨胀力的作用下具有一定的延伸性。这样煤层在产生裂缝以后就能相互连通,使缝隙之间互相贯通,从而增加煤层瓦斯渗流通道,提高瓦斯抽采率。然而,水力压裂技术应用于煤矿瓦斯治理时,须保证该煤层具有水力压裂的作用条件,如煤层硬度指标,水泵的水力排量值等。另外须规定水力压裂的泵注程序,每个煤层都有相配置的封孔技术并采取相应的保护措施等。

重复性压裂是水力压裂技术在煤矿瓦斯治理中的另一大特点,可提升煤矿瓦斯治理的效率和质量。重复性水力压裂技术可在现场选择煤层和矿井模型,结合现场指定合理的水力压裂技术应用方案。应用重复性水力压裂技术可预测应力场的变化,通过模型研究可在模型中输入多个煤层地应力场,并以预测的结果为依据设置应力场中的煤层位置、水力压裂时间和原水平主应力差等,然后可安排重复性水力压裂技术提高煤层的压裂效果,增大煤层透气性,降低煤矿瓦斯事故发生的风险[37]。

松动爆破法容易在钻孔附近出现较大的应力集中,还会造成残爆现象[38]。而水力化措施不仅能增加煤层透气性,还可以湿润煤体,降低煤体的力学强度及减少煤尘的发生,是一项一举多得的措施。而水力化措施中的水力冲孔操作工艺复杂、设备装置昂贵,操作过程中还存在高压潜在危险;水力挤出封孔深度及挤出规模不易控制,容易引发突出;水力割缝则割缝范围有限,工艺也比较复杂;这些不足使其应用受到限制。水力压裂虽然产生的裂缝不均匀,但施工工艺相对简单,可以利用较少的压裂孔压裂形成较长的裂缝,不仅减少钻孔工程量,也能引导煤层瓦斯沿着裂缝涌出,大范围地增加煤层透气性。因此,综合考虑“水治瓦斯”方面的优缺点,认为水力压裂是水力化增加煤层透气性的首选方法。为高效地抽采水力压裂增透后的煤层瓦斯,需要瓦斯抽采钻孔能分布在水压裂缝形成的卸压渗透区,因此,需要把水力压裂与瓦斯抽采相结合,研究一种基于水力压裂裂缝扩展规律与瓦斯钻孔优化布置的抽采瓦斯方法,形成一套压裂与优化抽采相配合的水力压裂工艺体系,为水力压裂在“水治瓦斯”方面的推广应用提供借鉴。

第三节　水力压裂研究现状

一、煤层水力压裂研究现状

煤层水力压裂的应用最初源于油气田开发所采用的地面水力压裂技术,即产层通过高压泵注入前置液形成裂缝,然后注入混合支撑剂压裂液支撑裂缝,最后形成一定导流能力的裂缝系统,使远处油气通过裂缝被抽出利用,从而形成商业开发价值。1947年,美国堪萨斯州 Hugoton 气田的 Kelpper 1 井水力压裂成功,成为世界上第一口压裂井,揭开了水力压裂研究的序幕。在引进、吸收国外水力压裂增透技术之后,20 世纪 80 年代,我国煤层气井开始采用水力压裂方法开采,到 2011 年,我国煤层气井开发数量接近 5 000 口,垂直井占 90%以上,通过压裂抽采,煤层气产能达到 31 亿 m³。但由于我国地质条件的复杂性,地面垂直井单井产气量衰减严重,瓦斯抽采效率逐渐降低,抽采周期长(5～8 年),既不利于煤矿瓦斯区域治理,也使商业开发受到限制,甚至失去开发价值。因此,地面开采煤层气井逐渐减少,国内虽在许多矿区进行了井下煤层水力压裂技术应用,但该技术的相关研究一度处于停滞状态[39-40]。苏联在 20 世纪 60 年代开始在卡拉甘达和顿巴斯两矿区的 15 个矿井井田进行煤层水力压裂试验,试验结果表明水力压裂提高了煤层的透气性[41]。我国于 20 世纪 80 年代在阳泉一矿、白沙红卫矿、抚顺北龙凤矿及焦作中马矿等先后进行了井下水力压裂试验,取得了一些成果,但由于泵压低,流量小,压裂设备无法满足压裂要求,且缺乏对煤层水力压裂增透机理的深入研究,所以煤矿井下水力压裂技术进展不大。近年来,随着压裂设备的改进,水力化措施治理瓦斯技术的应用,及国家节能减排倡议和鼓励开采煤层气政策的实施,煤矿井下水力压裂逐渐成为新的研究热点[42]。

煤矿井下水力压裂的基本特征就是利用高压水把煤岩体压裂形成一定长度的裂缝,从而改变裂缝周围煤岩体的应力状态,形成卸压区域,并增大煤体的透气性,同时还具有可以湿润煤体,降低煤体的力学强度和降低煤尘的综合效果,为高瓦斯低透气性煤层瓦斯治理提供了一种新的途径,也受到现场工作者的重视。为此,一些学者开展了煤层水力压裂方面的研究,王鸿勋[43]认为煤层在水力压裂过程中当注水速度大于滤失速度时,高压水就会劈开煤层,形成裂缝并由支撑剂支撑,最终在煤层中形成具有一定导流能力的人造裂缝。杜春志[44]基于岩石的最大拉应力准则,认为在井壁压裂过程中有效拉应力超过岩石抗拉强度时,岩石发生脆性破裂,形成初始裂缝,并分析了裂缝扩展的力学条件,利用 RFPA2D-Flow有限元软件进行了水压裂缝扩展过程的数值模拟。赵振保[45]把变频脉冲注水技术应用于煤层注水,实现了脉冲高压水压裂、沟通裂隙,使煤层内部形成相互关联的孔隙-裂隙网络。吕有厂[46]根据第一强度理论,推导了压裂孔起裂压力的临界公式,并在中国平煤神马控股集团有限公司十矿进行现场压裂试验,瓦斯抽采效果显著。李培培[47]结合钻孔注水和高压电脉冲致裂技术,提出了钻孔注水高压电脉冲致裂瓦斯抽采方法,并应用数值模拟验证钻孔注水动态脉冲载荷对岩石的致裂效果。周军民[48]、路洁心等[49]、荣景利等[50]等在煤矿井下进行了水力压裂技术的试验及应用,结果表明水力压裂能使煤层产生裂缝,增加煤层透气性,显著提高瓦斯抽采效率,对突出煤层起到了很好的消突效果。翟成等[51]提出了煤层脉动水力压裂增透技术,认为在脉动水压力作用下,煤体内裂隙端产生的交变应力,使裂隙孔隙产生"压缩-膨胀-压缩"的反复作用,造成裂隙孔隙产生疲劳损伤破坏,裂隙弱面扩展延伸,形成裂隙网络。李贤忠[52]研究了高瓦斯低透气性煤层井下脉动水力压裂增透机理,优化了脉动水力压裂工艺参数,形成一套用于松软低透气性煤层的脉动压裂技术体系,实现单一低透气煤层增透消突的目的。付江伟[53]针对井下煤层水力压裂过程中煤体存在的"瓦斯场、渗流场、应力场"重新分布规律问题,采用理论分析、数值模拟、试验研究与现场工业试验相结合的方法,研究了水力压裂影响区域地应力的分布特征及瓦斯运移产出的流场分布特征。

国内外对水力压裂的研究主要集中在以下几个方面:

(1) 水压裂缝起裂和扩展行为规律方面

水力压裂裂缝起裂和扩展是水力压裂成功与否的关键。研究水力压裂的裂缝起裂和扩展机理一般是基于岩石的抗拉强度准则、莫尔-库仑准则或断裂力学的破坏准则,不同的地应力状态下水力压裂的破裂模式和破裂压力均不相同。M. K. Hubbert 和 D. G. Willis 经过现场试验研究,对岩石钻孔水力压裂压力问题作了详尽描述。他们认为无论液体是否渗入岩体,开裂面总是垂直于最小主应力方向。李传亮等[54]根据多孔介质的双重有效应力概念,提出了可计算任何渗透状况的岩石破裂压力计算公式,该公式包括了早期提出的 2 个计算公式。任岚等[55]以多孔介质流体渗流与岩体应力-应变耦合理论为基础,提出了一种全新的水力压裂岩石破裂压力的计算方法。关于水压裂缝形态的研究,石油行业水力压裂设计最常用的有以 PKN、GDK 为代表的二维裂缝模型,以 van Eekelen、Advani、Cleary 与Settari、Palmer 为代表的拟三维裂缝延伸模型,以 Clifton、Abou-sayed、Cleary 为代表的全三维裂缝延伸模型。乌效鸣[56]对水力压裂裂缝的产状和形态进行了理论分析,认为不同性质的地层,水力压裂形成的裂缝形态是不同的;对于硬脆、低塑性的地层,在压裂液注入速率明显大于地层孔隙渗透速率的情况下,压开扁平状的裂缝;对于孔隙率很大的高渗地层,在压裂液注入量有限的情况下,只能形成滤失;对于松软、高塑性的地层,只能挤压出近似球状的泡穴。单学军等[57]总结了煤层气井水力裂缝的主要三种形态:以水平裂缝为主的裂缝系统、以垂向裂缝为主的裂缝系统、复杂裂缝系统。刘洪等[58]运用分形理论、岩石损伤力学、细观岩石力学、非线性动力学和岩石断裂力学等相关领域的最新研究成果,结合水力压裂现场实践,从一个崭新的视角对水力压裂岩石破裂机理、裂缝延伸规律和裂缝真实形态描述等方面进行了分析和对比。与常规储层相比,煤储层力学性质表现出低强度、低弹性模量、高泊松比的特性,煤岩更易形成短宽裂缝,且压裂过程中一般不产生新的裂缝,而是其原有裂隙的扩展和延伸。煤岩体水压裂缝的起裂和扩展取决于压裂液性质、注入速率、煤岩体的物理力学性质和钻孔所处应力状态等。煤岩体中水的运动是依靠压力推动的结果,水压力参数是水力压裂设计中的关键参数,其直接影响到水力压裂效果的好坏。经典的水压致裂理论认为,水压致裂的失稳压力即为峰值压力,这象征着水压致裂的开始。Detournay 和 Carbonel 怀疑水压致裂发生在失稳压力开始的假设,划分了不同的临界压力,即破裂(起裂)开始压力和失稳(崩溃)压力,水压力达到失稳压力时裂纹将连续扩展,但破裂开始扩展后不一定立刻导致失稳,在破裂后压力增生是否稳定意味着破裂开始压力也许比失稳压力更小,Z. Zhao,H. Kim 和 B. Hainmson 也获得相似的结果。邓广哲等[59]、黄炳香[60]研究指出,水力致裂裂缝扩展的水压力参数呈现阶段性特征,导致水压裂缝的扩展也呈现阶段性特征。目前对水压裂缝扩展行为规律的研究较少。理论计算确定的破裂水压力均是指水压裂缝缝尖值,在实际工程中,水压裂缝的缝尖至孔口注液点距离较远,水压力在钻孔内会发生变化,同时裂缝水压力在裂缝内会沿程衰减。连志龙[61]假设水压裂缝内流体流动为两块平行板间的层流流动,水压裂缝形状为椭圆形,得到了可渗透多孔介质裂缝面内压降方程。目前大部分水力压裂理论的基本假设是:岩石是脆性、线弹性、均质和各向同性及非渗透性的。岩石为非渗透性的基本含义为:裂隙中水压力在裂隙附近的岩体中极小范围内就降到零,也就是裂隙附近岩体内的水力梯度趋近于无穷大。岩体因具有孔隙结构存在滤失,同时,流体的黏度对水力致裂的滤失和裂缝扩展也有很大的影响,注水压力并不能完全考虑为使裂缝扩张的张拉力。因此,必须深入研究岩体水力致裂裂缝扩展的水压力参数,只有在掌握裂尖水压参数和水压力沿程变化规律的基础上,才能保证水力致裂施工水压力参数的可靠性。在试验研究方面,包括采用大尺寸真三轴模拟试验系统模拟地层条件进行室内模拟试验。黄炳香[60]对水泥砂浆试块、煤块与型煤混合试块进行水压致裂试验指出,相对于普通岩层水力致裂,在现场煤层水力致裂中应采用大流量的注水泵,以克服裂隙煤岩体的滤失,保障有较大的水压力促使水压裂缝的扩展;水压裂缝以钻孔致裂段为中心以椭圆形向外扩展;由于渗透水压对主裂缝两侧煤体形成渗透水楔作用,致裂后的煤块裂隙和节理面等发生了张开和扩展。赵益忠等[62]对不同岩性的岩心试验研究表明,压裂后的裂缝几何形态和压裂过程中压力随时间的变化规律均有很大的不同。周健等[63]探讨了天然裂缝与水力裂缝干扰后水力裂缝走向的宏观和微观因素,提出了天然裂缝破裂准则,分析了不同地应力状态下裂缝的形态。陈勉等[64]进行了层状介质的水压致裂模拟试验,分析了垂向应力、弹性模量、断裂韧性、节理和天然裂缝等因素对水压裂缝扩展的影响,并实现了对裂缝扩展的实际物理过程进行检测;研究结果表明,产层和隔层性质差异包括岩层断裂韧性和弹性模量差异对裂缝垂向扩展有明显的止裂作用,但仅根据岩石弹性性质差异并不能完全判断裂缝是否能够穿透隔层继续扩展,产层与隔层的原地应力差也是影响因素之一;在一定地层条件下,裂缝是否向隔层扩展及扩展范围的大小取决于地层条件和作业参数的综合作用。G. J. Bell 等针对中煤阶煤岩进行了不同地应力和天然裂缝条件下的水力裂缝扩展行为及规律研究;结果表明,煤岩压裂过程中多裂缝出现概率大,水力裂缝多呈非对称分布,且裂缝面极不规则,在较大的主应力差下可以形成相对单一的裂缝。詹美礼等[65]针对厚壁圆筒试件进行水力压裂试验研究,提出了水力压裂的渗透力作用机制。李佳琦等[66]研究了水力压裂裂缝穿越隔层的条件和行为,认为界面的剪切应力对裂缝的扩展起重要作用,裂缝可沿接触面延伸或穿越隔层,煤岩水压裂缝能否穿越界面主要取决于垂向压应力大小和界面性质。

(2)水力压裂数值模拟方面

由于水压致裂问题十分复杂,其涉及渗流力学、岩石力学、断裂力学、计算力学等多学科知识,目前能够得到的理论解析解很少,同时进行室内试验时的水压裂缝实际形态难以直接观察。因此,往往只能借助于建立在种种假设和简化条件基础上的数值模型进行间接分析,数值计算方法得到广泛应用。目前,水力压裂的数值计算方法有断裂力学方法、损伤力学方法、渗流耦合方法以及细观力学方法。唐书恒等[67]运用有限元软件 ANSYS,分析了水力压裂过程中的天然裂缝和地应力对煤岩体破裂(起裂)压力的影响。张春华等[68]采用 RF-PA2D-Flow 软件对高压注水煤层力学特性演化进行了数值模拟,研究了高压注水的卸压增透消突原理。申晋等[69]建立了模拟低渗透煤岩体水力压裂裂纹断裂扩展以及固液耦合作用的数学模型,但该模型为边界耦合,未考虑煤体的渗透性。杨天鸿等[70]应用岩石损伤力学破裂过程渗流-应力耦合分析系统 RFPA2D-Flow 等软件,对水力压裂过程中裂纹的萌生、扩展、渗透率演化规律及渗流-应力耦合机制的模拟分析,对比分析了不同围压、不同均质度等对岩石水压致裂过程的影响。连志龙等[71]对 Abaqus 进行二次开发,采用渗流应力耦合模型模拟了地应力、岩石力学特性、压裂液流体特性等因素对水力压裂裂缝扩展的影响,指导了油气井压裂参数的选择。腾俊洋[72]根据岩体损伤程度对岩体渗透性和强度的影响,利用定义的损伤变量建立了应力-渗流-损伤的耦合分析模型,该模型综合考虑应力、渗流、损伤之间的相互作用影响,分析了含孔岩体在不同水压力作用下的破裂过程;研究表明,内水压力是促使裂纹扩展的一个重要因素,内水压力增加可以使原来闭合的裂纹重新张开,而且裂纹张开度的变化将导致裂纹内渗流特性发生变化。谢东海等[73]将煤岩体介质视为裂隙介质,在 FLAC3D 软件上研制了裂隙岩体渗流-断裂耦合分析程序,并采用该程序对煤层高压预注水的渗流-断裂损伤区等进行了数值研究,指出高渗透水压作用下煤岩裂隙结构的断裂损伤演化是高压预注水致裂煤体的基本力学原理。富向等[74]采用 RFPA2D-Flow 软件研究了穿煤层钻孔定向水压致裂全过程中的应力变化和裂缝扩展规律,并指出控制孔与压裂孔间的卸压区为主要的瓦斯渗流通道,可显著提高煤层瓦斯抽采效果。孙可明等[75]针对预制定向裂纹后水力压裂延伸规律的实际工程需要,建立了裂纹失稳扩展判据及其水力压裂裂纹延伸的数学模型并进行了数值模拟,系统地研究了固井质量完好与固井质量不好两种条件下预制不同方向裂纹在水力压裂过程中的裂纹延伸规律。

(3)煤岩体水力压裂的控制方法方面

煤岩体水力压裂的控制方法是指根据工程需要对水压裂缝的扩展形态进行控制而采取的技术措施,主要包括裂缝扩展长度和方向等的控制。由于对煤岩体水力压裂裂缝扩展特性的研究不够,导致目前相应的煤岩体水力压裂控制方法仍不完善。水压裂缝长度的控制主要通过调节注水致裂压力、时间、注水量等参数来实现。依据水力衰减规律,通过注水压力来控制水压裂缝长度为控制效果和可操作性均相对较好的方法。通过注水时间来控制水压裂缝扩展长度的前提是要知道水压裂缝的扩展速度。理论和工程实践表明,水压裂缝的扩展速度很快,水压裂缝扩展所需的时间较短。因此,只能以水压裂缝起裂和扩展所引起的压力降现象出现时作为起始时间,通过控制注水时间来达到对水压裂缝扩展长度的大致控制。水压裂缝扩展方向的控制主要有 3 种方法,第 1 种通常采用在深孔底部开个楔形环槽的方法;第 2 种常用的是水力割缝导向压裂方法,第 3 种为多孔控制压裂方法。孔底开楔形环槽定向水力压裂技术关键在于深孔内楔形环槽,当高压水注入楔形环槽后,水压作用于槽内岩面,在环槽的尖端处产生急剧的应力集中,当楔形尖端处集中应力大于岩石致裂强度时,岩体将首先在槽尖端致裂,并在水压的作用下继续沿此裂缝扩展延伸达到一定范围。水力割缝导向压裂方法是用钻机向煤岩体打钻孔至设定位置,然后向割缝钻头输入高压水,使煤岩体围绕钻孔产生径向裂缝;钻孔封孔后,继续注入高压水,使裂缝在水压的作用下进一步扩展延伸。相比常规水力压裂方法,高压水射流形成的水力割缝将改变围岩的应力分布,从而将影响水压裂缝的起裂位置及其扩展、延伸规律。

综上所述,煤矿井下采用水力压裂技术进行煤层增透是一项可行的技术,可以在条件适合的矿区进行试验与应用。

二、水压裂缝形态与裂缝扩展规律研究现状

(1)水压裂缝形态研究现状

关于煤层水力压裂裂缝形态的研究还没有形成统一的认识,而裂缝几何形态与泵注压力大小、压裂液性质、地层力学与物理性质、地应力分布特征、施工规模以及缝中流体流动特征等都有关系。水压裂缝的几何形态(长、宽、高)是水力压裂设计的关键,是影响压裂效果的主要因素之一。

通过对压裂现场实际情况进行不同的简化,从 20 世纪 50 年代以来,众多学者提出并发展了各种模型来描述水力压裂的几何形态和延伸规律。其中,水力压裂施工设计最常用的二维模型代表为 PKN 模型和 KGD 裂缝模型。KGD 模型于 1955 年由 S. A. Khristianovic 等[76]提出,认为裂缝的扩展是水力作用的结果;假定缝高固定,仅考虑水平面内的岩石刚度,液体压力梯度由垂直方向上细窄矩形缝内的流动阻力计算确定,从而得出缝长和缝宽的变化规律,该模型适用于长时间的水力压裂作业设计。PK 模型于 1961 年由 T. K. Perkins 等[77]首次提出,该模型假定裂缝高度恒定在储层范围内,裂缝在正交于裂缝延伸方向的垂直平面上处于平面应变状态,因而每个垂直截面的变形与其他截面无关,裂缝呈椭圆形扩展。1972 年,R. P. Nordgren[78]在考虑流体滤失的基础上发展完善这一模型,对 PK 模型进行了重大改进,产生了 PKN 模型,该模型适用于低滤失系数和短时间的压裂施工设计。

考虑裂缝高度变化的拟三维模型于 20 世纪 80 年代发展起来,所谓拟三维模型就是同时考虑裂缝的三维延伸和裂缝中一维或二维流动问题。拟三维模型引入了压裂过程中裂缝高度的变化,大都认为水压过程中形成的裂缝多半是垂直缝,裂缝是按椭圆形状向前延伸的。主要有两种方法模拟裂缝形态:一种是采用裂缝延伸准则,引入裂缝高度参量;另一种是混合两种模型,采用 KGD 模型的垂向延伸与 PKN 模型的横向延伸方法,在求解过程中一般用分开的垂向剖面计算出裂缝的垂向高度增长,然后将高度增长用于广义 PKN 模型来求解裂缝的横向扩展。S. H. Advani 等[79]利用水平方向的液流方程与体积平衡方程计算裂缝的剖面高度和长度,来研究层状对称介质中裂缝的垂向延伸和层状介质承受非均匀地应力时裂缝扩展问题。A. Settari 等[80]认为裂缝扩展过程中其形态保持相似,即裂缝自相似扩展假说,在 PKN 、KGD 模型基础上形成了拟三维(P3D)模型。I. D. Palmer 等[81]于 1985 年提出了一个比较完善的拟三维模型(Palmer 模型),模型的裂缝几何形态如图 1-1 所示,裂缝内流场模型如图 1-2 所示。该模型假定产层和上下隔层分别受均一的原地应力作用,裂缝形态为椭圆形,缝内流动简化为一维流动,用 PKN 模型中的压降方程描述裂缝中压力分布情况,建立了包含缝高和缝内净压的裂缝宽度分布方程。

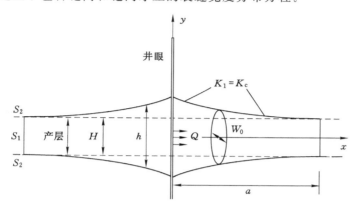

图 1-1 Palmer 模型的裂缝几何形态示意

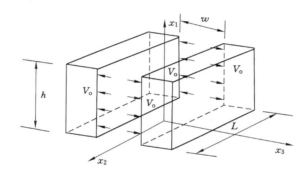

图 1-2 裂缝内流场模型

根据三维岩石变形与二维流动关系建立的裂缝控制方程即为全三维模型。假设流体在裂缝中的流动为定常层流流动,由于穿过裂缝宽度的流体压力和密度变化很小,裂缝宽度方向的流速为零。目前最具权威性的全三维模型有两种,一种是 R. J. Clifton 等[82]的模型,该模型认为裂缝的几何形态取决于地层的弹性变形和压裂液的流动,断裂机制影响裂尖的局部区域;压裂液的流动模拟为沿多孔平板的层流流动,由位错理论推导出裂缝宽度与缝内压力间的关系;为目前最具权威性的全三维水力压裂模拟模型。另一种是 M. P. Cleary 等[83]的模型,该模型与 R. J. Clifton 等人的模型相似,求解方法不同。该模型采用有限元法求解,程序庞大,过程复杂,不方便现场应用,一般用于校正拟三维模型。

考虑非均匀地应力的影响,M. J. Bouteca[84]结合 Shah-Kobagashi 的椭圆裂缝形变理论和二维流体流场,建立了一套简便的全三维裂缝形态预测模型;并首次在实验室验证了模型,得出水压裂缝扩展过程是沿椭圆形裂缝延伸的理论假设,是目前继 Clifton-Cleary 模型比较接近实用的全三维模型。

杨秀夫等[85]根据弯曲裂缝中流体流动的曲率效应,提出全三维水压裂缝延伸模型中的缝宽计算方法,建立了非均匀条件下全三维水力压裂裂缝延伸的理论模型。王进旗等[86]对水力压裂裂缝几何形态的数学模型利用最优系数线性四步法求解,得出裂缝各截面的高度、宽度和压力,并分析了裂缝几何形态的影响因素。范运林等[87]认为不同性质的地层,水力压裂形成裂缝的形态不同,理论分析了水力压裂裂缝的形态和产状,并介绍了四种典型裂缝形态的扩展模型。申晋等[69]认为水力压裂裂纹宽度达到一定值后基本保持不变,裂缝扩展所需注水压力随裂缝增长而降低。郭大立等[88]考虑煤层、上下遮挡层之间地应力变化和岩石力学性质的影响,提出煤层压裂裂缝三维延伸模型和产量动态预测模型,并开发了煤层气井三维压裂优化设计软件。郝艳丽等[89]针对煤层压裂的复杂性,分析了施工压力曲线与裂缝扩展形态的关系,得出煤层压裂比常规储层压裂压力高,裂缝形态为水平缝、垂直缝,且与埋深关系不大,受地应力和裂隙的影响。李哲等[90]使用动态应力强度因子公式代替静态公式作为裂缝延伸判据,融合缝高与缝宽方程,实现了拟三维模型向真三维模型的横向渗透,使模型具备拟三维模型的简单和真三维模型的精确。单学军等[57]采用大地电位法、微地震法、测井温法3种方式,对晋城和吉县两个煤层水力压裂试验区的裂缝高度进行测试,结果表明煤层裂缝主要以垂直缝为主,存在水平缝与垂直缝共存的现象,裂缝的垂向扩展通常要穿越煤层的上下盖层。章城骏[91]应用扩展有限元法对地下岩体进行水力压裂仿真模拟,通过改变射孔角度与注入速率分析了射孔尖端处应力、位移、缝宽、射孔内部水压随裂缝扩展的即时变化。罗天雨等[92]建立了计算裂缝端部应力强度因子的不连续位移法模型,考虑裂缝轨迹变化、转向及裂缝闭合应力的影响,并结合物质平衡原理与压力平衡原理来描述多裂缝之间的流量动态分流,结合裂缝壁面滤失规律、三维裂缝延伸规律,模拟不同方位处或同方位处起裂的多条裂缝同时延伸时,流动压力的变化。朱君等[93]依据岩石材料的非线性效应、流固耦合效应以及裂缝扩展的动态效应,建立了低渗透油层水力压裂三维裂缝动态扩展力学模型,并运用有限元方法进行求解,实现了低渗透油层三维裂缝形成过程的动态描述。林柏泉等[94]结合现场及含瓦斯煤体水力压裂动态变化的影响因素,建立了煤体埋深、瓦斯压力和水力压裂压力三者的耦合模型,应用RFPA2D-Flow软件模拟煤体水力压裂的破坏机理及动态变化特征。魏宏超等[95]结合弹性力学、断裂力学、岩石力学和流体力学,及多裂缝理论与井底压力协同理论,建立多裂缝模型,得出综合滤失系数、流量、主应力差等均不同程度地影响多裂缝在近井筒区域的汇合相连概率与延伸方向。程远方等[96]采用水力压裂拟三维裂缝延伸模型,系统研究了岩石物性参数(弹性模量、泊松比、断裂韧性)、地应力差、产层厚度、施工条件(排量、黏度、压裂液滤失性)等对裂缝几何形态的影响。张小东等[97]采用数值分析的方法,研究了煤层气井水力压裂后的裂缝形态与裂缝展布规律,根据压裂综合滤失系数的计算方法,构建并验证了高煤阶煤储层水力压裂的裂缝扩展模型。此外,程远方等[98]还通过建立数学模型、控制流量、单因素分析等方法对煤层产生的复杂缝"T"形缝进行了研究,得到煤层压裂"T"形缝的延伸规律。

(2)地应力与水力压裂及渗透率研究现状

地应力是存在于地层中的未受工程扰动的天然应力,也称原岩应力,是在漫长的地质年代与构造运动中形成的,是引起采矿、水利水电、土木建筑等各种地下或露天岩石开挖工程变形和破坏的根本作用力。对于地下煤层来说,地应力主要来源于上覆岩体的自重应力和构造应力,反映了煤层在地下的受力状态,是煤与瓦斯突出和冲击地压等灾害发生的重要因素,也是煤层水压裂缝扩展的主要影响因素。

① 地应力与水力压裂关系研究

　　Z. Chen 等[99]通过具体实例计算,研究裂缝起裂压力与水平井轴和最大水平主应力夹角的关系,认为当井眼轴向与最大水平主应力平行时,裂缝起裂压力最小;井眼轴向与最大水平主应力垂直时,裂缝起裂压力最大。E. R. Simonson 等[100]研究了地层弹性性质,地应力和压力梯度对裂缝高度延伸扩展的影响。N. R. Warpinsksi 等[101]根据试验得到裂缝高度延伸的止裂应力差为 2~3 MPa,而 L. W. Teufel 等[102]的试验结果为 5 MPa。李同林[103]将煤储层视为横观各向同性体,运用弹性力学和材料强度理论,分析水力压裂造缝机理,认为地应力分布和岩层力学特性是形成水力裂缝的关键因素。李峰等[104]应用弹性断裂力学理论,采用有限元法分析了水力压裂过程中地应力、岩层性质和压裂液密度对裂缝高度扩展的影响,得到地应力差是裂缝高度控制的主要因素,不同岩层性质对裂缝高度扩展有一定影响。衡帅等[105]开展切口与层理呈不同方位的圆柱形试样三点弯曲试验,研究页岩断裂韧性的各向异性特征,并揭示其断裂机制的各向异性,进而根据真三轴条件下页岩水力裂缝的延伸规律,探讨了层理在页岩网状压裂裂缝形成过程中的重要作用。张哲鹏等[106]认为裂缝高度延伸受垂向应力分布控制,在隔层、产层缺乏应力差的情况下,也能有效地控制裂缝高度。郭大立等[88]提出了煤层压裂裂缝三维延伸模型和煤层气产量动态预测模型,认为煤层力学参数和地应力分布会使压裂煤层出现"T"形裂缝。邓广哲等[59]运用 Griffith 理论和水压致裂法,分析地应力场中岩体孔壁水压裂缝扩展过程,及原始地应力场与含内压裂纹的扩展压力和围岩力学特性的关系。倪小明等[107]以水力压裂现场施工数据为基础,研究了褶皱不同部位地应力对裂缝形态的控制,得出不同构造部位水平缝和垂直缝转化的临界深度。赵阳升等[36]根据煤体强度差异,结合三维应力状态下的压裂试验和数值模拟,认为硬煤适合水力压裂,而软煤基本没有效果。郭红玉[108]用 GSI 地质强度指标来表征煤体结构进行水力压裂研究,根据煤岩 GSI 指标的不同而选择不同的压裂方法。雷波等[109]通过对矿井煤层压裂效果的观测,采用有限元方法,模拟煤层气井水力压裂对煤层开采过程中的应力分布关系,得出压裂裂缝宽度和差异系数增加有利于压裂裂缝卸压。刘会虎等[110]依据工程数据和裂缝监测数据,探讨影响煤层气井压裂效果的主要因素,得出煤层地应力的分布与压裂裂缝主缝长呈负相关,地应力与压裂液量、施工泵压呈正相关,与砂比呈负相关。

　　总之,由上述研究可以看出,地应力是水压裂缝扩展的重要影响因素,因此,开展地应力与水力压裂关系的研究十分必要。

　　② 地应力与煤层渗透率关系研究

　　国内外学者关于地应力与煤层渗透率的关系进行了大量研究,认为煤层渗透率对地应力十分敏感。李铭等[111]通过对澳大利亚煤层渗透率与有效地应力关系的相关研究发现,煤层渗透率变化值与地应力的变化呈指数关系。C. R. Mckee 等[112]研究了圣胡安、皮申斯及黑勇士盆地煤储层渗透性与埋深的关系。秦勇等[113]根据沁水盆地地质资料得出煤储层物性与现代构造应力场特征密切相关,主应力差增大,煤储层渗透率梯度呈指数形式增长。叶建平等[114]利用 1990 年以来我国煤层气钻井的大部分试井渗透率资料,分析了我国煤储层渗透率的区域分布特征和主要影响因素,得出地应力是影响我国煤层渗透率的主要因素,渗透率随深度的变化趋势是应力的函数。何伟钢等[115]通过实验室和试井资料分析发现,地应力对煤层渗透率有显著影响,煤层渗透率与地应力呈幂指数相关关系。连承波等[116]根据弹性力学原理与裂缝储层孔隙结构模型,从微观角度研究了地应力对煤储层渗透性影响的机理,得出煤储层地应力与渗透率的相关关系。

三、水力压裂真三轴试验研究现状

水力压裂技术最早应用在石油工程以提高贫油井的产油量,随着该项技术的逐渐成熟,目前已经被广泛应用于现代石油工业、核废料储存、地热资源开发等领域,应用前景广阔。而水力压裂是一个十分复杂的物理过程,由于压裂产生的裂缝形态难于直接观察,往往只能借助简化条件的模拟试验。通过模拟地层条件下的压裂试验,可以对水压裂缝的扩展形态进行观察,并能研究压裂参数变化对裂缝扩展的影响,这对于研究裂缝扩展机理、裂缝形态分布等有着重要意义。为此,一些学者开展了室内的真三轴水力压裂试验研究。

T. Ito 等[117]采用正方体安山石岩块(0.3 m×0.3 m×0.3 m),并钻一直径为10 mm的圆孔模拟井筒,固定流量变化进行三轴水力劈裂试验,得出裂纹扩展过程中孔压与时间的微分关系表达式。C. M. Kim 等[118]应用长方体石膏试件进行三轴水力劈裂试验,研究主应力方向对劈裂方向的影响。C. J. de Pater 等[119]用均质坚硬砂岩进行三轴水力劈裂试验,研究注射速率和最小主应力之间关系,并观测到低渗条件下放射状裂纹的稳定扩展。王国庆等[120]、谢兴华[121]利用超高压大流量渗流-应力耦合试验仪进行了水泥砂浆相似材料的三轴水力劈裂试验,研究水力劈裂裂缝的形成机理。姜浒等[122]进行了定向射孔水力压裂真三轴试验,得出起裂压力、裂缝转向路径随方位角的增加而增加;当围岩与井筒之间存在微环隙时,起裂压力沿着最大主应力的方向扩展、并高于裸眼井时的起裂压力。郭培峰等[123]通过真三轴物理模拟试验,研究不同逼近角、地应力状态下的含天然裂缝致密储层水力压裂缝延伸规律。

煤层的真三轴水力压裂试验受试样和试验条件限制,研究并不多,通常采用相似材料进行模拟试验。邓广哲等[124]以铜川矿区九块大型原煤块结合地应力的变化进行水压致裂试验,研究了水压裂缝破坏煤岩结构的力学机制,得出复合应力场中煤样的裂缝扩展规律和渗透性变化特征。蔺海晓等[125]应用相似材料进行了型煤和原煤的拟三轴水压致裂试验,并与现场压裂数据进行对比,得出水压裂缝总是沿地应力最大的方向扩展延伸,压裂液受裂缝表面特征影响,泵注流量越大,起裂压力也越大。黄炳香[60]、程庆迎[126]利用大尺寸(300 mm×300 mm×300 mm 或 500 mm×500 mm×500 mm)真三轴试验系统研究了水力压裂的扩展与水压力、注液排量、应力场、主应力差及煤岩体力学性质等的关系,得出水压裂缝形态整体呈椭圆形态扩展,扩展方向受控于应力场,且平行于最大主应力方向;围压主应力差越小,水压裂缝越容易发生空间转向,最终扩展方向受三维应力场控制。杨焦生等[127]采用大尺寸(300 mm×300 mm×300 mm)真三轴试验系统,研究了水平主应力差、天然割理裂缝和垂向应力、界面性质及隔层对沁水盆地高煤阶煤岩水力裂缝扩展行为、形态的影响。

水力压裂真三轴室内试验可以研究三向应力场、泵压、泵注排量、煤岩体的物理性质等因素对水力压裂裂缝扩展的影响,可以限定其他条件不变而改变某一因素来研究水压裂缝的扩展规律,从而获得水压裂缝延伸的主要影响因素,可为现场的压裂设计提供参考。但毕竟室内试验与现场存在着很大差距,试件有着一定的尺寸效应,也并不能考虑水力压裂现场诸多条件下固液气等的耦合作用,因此,室内的试验研究还有待进一步改进和完善。

四、煤层井下瓦斯抽采钻孔优化研究现状

煤层瓦斯抽采是防治瓦斯灾害的治本措施,是解决和治理矿井瓦斯突出的根本途径。抽采瓦斯既可以降低煤层瓦斯量,又可以对瓦斯进行收集、储存与综合利用,同时减少瓦斯

作为温室气体的排放量,有利于环境保护。因此,矿井瓦斯抽采效果的好坏直接关系到治理瓦斯的成败,而瓦斯抽采钻孔参数选择是影响矿井瓦斯抽采的直接因素,钻孔布置方式、钻孔间距、孔径大小、终孔位置等都对煤层瓦斯的抽采率产生影响。因此,瓦斯抽采钻孔的合理、优化布置对提高钻孔瓦斯抽采率,减少钻孔工程量等有着十分重要的意义。

按照煤层开采过程中的受力状态,煤层中的瓦斯抽采方式可以分为卸压煤层抽采方式和未卸压煤层抽采方式。卸压煤层抽采钻孔优化又可分为采动卸压抽采钻孔优化和人为卸压抽采钻孔优化;而未卸压煤层即为天然煤层的抽采钻孔优化,通常是对抽采钻孔直径等参数进行优化。

(1)卸压煤层抽采钻孔优化研究

卸压煤层有采动卸压与人为卸压两种方式。采动卸压主要是由于采矿活动改变了采动影响范围内煤层的应力状态,使其应力场变化而造成煤层内裂隙的产生,从而增大煤体的透气性,国内外普遍采用的保护层开采正是基于此原理。一些学者对采动卸压煤层的瓦斯抽采钻孔优化进行了研究。胡国忠等[128]采用数值模拟与现场考察试验相结合的方法,研究东林煤矿俯伪斜上保护层开采后被保护层的卸压规律,根据保护层开采的"卸压增透效应",优化卸压区的瓦斯抽采参数。王海锋等[129]研究了近距离上保护层开采工作面瓦斯涌出规律,对被保护层的卸压瓦斯抽采参数进行了优化。孟贤正等[130]采用理论分析、数值模拟相结合的方法,研究中远距离上保护层开采底板应力场演化、分布规律,发现上保护层长壁式开采采空区的卸压形态,优化了被保护层抽采瓦斯钻孔参数。何勇等[131]以保护层开采的"Y"形通风沿空留巷技术,配合立体式下向穿层钻孔瓦斯抽采技术,优化了下向钻孔的技术参数。王耀锋等[132]采用关键层理论、薄板理论和数值模拟相结合的方法,研究了采动影响下煤层顶板裂缝带的分布和演化特征,优化了高位钻孔布置参数。梁冰等[133]针对大采高工作面快速推进对顶板垮落的影响,在亭南煤矿采用钻孔抽采瓦斯浓度法实施工业试验,确定了卸压瓦斯抽采钻孔的合理层位。

人为卸压抽放主要是指利用人为手段如水力割缝、水力压裂、松动爆破等方法,人为强制煤层卸压以增加煤体渗透性,提高瓦斯抽采效率。刘健等[134]研究了低透气性煤层深孔预裂爆破卸压增透的防突机理,通过深孔预裂爆破药柱研发、理论分析与现场试验相结合的方法,优化设计了低透气性突出煤层抽采钻孔和爆破孔。浑宝炬等[135]在淮北矿业集团祁南煤矿进行了水力诱导穿层钻孔、喷孔煤层增加煤体透气性的工业试验,并对瓦斯抽采钻孔布置进行了优化设计。李志强等[136]采用低温液氮吸附法和压汞法测定了重庆天府三矿煤层孔隙结构,进行了底板穿层钻孔高压水射流卸压增渗试验,建立瓦斯抽采的渗流力学方程,解算了卸压增透前后的抽采情况,优化了布孔间距、抽采时间。周声才等[137]提出煤层底板预裂爆破卸压增透新技术,发现预裂爆破影响范围分为粉碎区和贯通区,并进行瓦斯抽采钻孔优化布置。

(2)煤层抽采钻孔优化研究

科学合理地布置钻孔参数是提高瓦斯抽采率的前提,从国内许多矿井的瓦斯抽采设计来看,钻孔间距的设定大多以经验估计为主,参数设计缺乏理论依据,钻孔间距过大,引起钻孔工程量不足,抽采效果不佳;钻孔间距过小,引起钻孔工程量过大,造成人力和物力的浪费。因此,合理地选择瓦斯抽采钻孔布置参数具有重要意义。倪进木等[138]结合工作面复合型顶板特点,提高瓦斯抽采钻孔终孔高度,优化抽采钻孔。王宏图等[139]建立了钻孔抽采瓦斯的渗流场控制方程和煤层变形场控制方程,推导出钻孔抽采瓦斯渗流的固气耦合数学模型,采用数值模拟研究本煤层单一顺层瓦斯抽采钻孔的优化布置。徐会军等[140]建立了钻孔抽采瓦斯流动方程,得出不同钻孔间距下的煤层瓦斯抽采率随时间的变化情况,以选取合理的钻孔布置间距。高贯金等[141]利用钻孔布置间距的理论方程,划分采空区为不同钻孔间距区域抽采瓦斯,有效地提高了钻孔抽采率。黄寒静等[142]通过极等间距网与笛卡儿坐标相结合绘制定向瓦斯抽采孔实钻轨迹图,控制与合理优化瓦斯抽采钻孔。常晓红[143]通过理论推导瓦斯流动微分方程的解析解,建立钻孔瓦斯抽采径向流动模型,应用多物理场耦合软件对穿层抽采钻孔间距进行优化研究。高军伟等[144]从现场实测数据入手,研究布孔方式对瓦斯抽采效果的影响,得出钻孔位置在水平方向与垂直方向上影响瓦斯抽采量。刘军等[145]以动态渗透率建立了含瓦斯煤体的固气耦合动力学模型,借助 Comsol Multiphysics 软件进行数值计算单一顺层瓦斯抽采钻孔有效半径,优化钻孔的布置。陈继刚等[146]应用千米钻机布置钻孔终孔的位置,并合理确定抽采钻孔参数,优化了瓦斯抽采钻孔设计。

总之,高瓦斯低渗透煤层为提高瓦斯抽采率,必须采取增透措施,既要做到高效地抽采瓦斯,最大限度地提高瓦斯抽采量,又要适当减少钻孔工程量,就需要对抽采钻孔进行优化布置。因此,把增加未卸压煤层的透气性与瓦斯抽采钻孔优化布置结合起来,是对煤层增透后高效抽采瓦斯的有益尝试;而水力压裂是水力化措施增加煤层渗透性的有效途径之一,研究煤层水力压裂的裂缝扩展规律与压裂后煤层的瓦斯抽采钻孔优化布置对提高煤层的瓦斯抽采量是十分有意义的。

第四节　研究内容与研究方法

一、研究内容

煤矿井下水力压裂作为一种人为卸压增加煤层渗透性的方法,是一项矿井瓦斯治理的重要手段,在卸压增透、抽采瓦斯、降低煤尘等方面具有很大优势,已在不少矿区获得推广应用,并取得了显著的经济效益。但水力压裂裂缝扩展过程受地应力、煤岩体物理性质等因素影响较大,裂缝扩展形态受三维主应力场的制约;压裂后煤层瓦斯抽采钻孔的优化布置,地应力作用下煤层压裂的裂缝网络与瓦斯抽采相结合的工艺研究等一些问题目前还没有很好地解决,也在某种程度上阻碍了水力压裂技术的完善。为此,本书进行以下方面的研究:

(1)通过模拟煤岩相似材料的研究,进行煤层与顶底板组合的物理相似模拟试验,观察煤层在水力压裂过程中的裂缝扩展方式、裂缝形态的分布特征,及水压裂缝与顶底板关系,从物理角度对水压裂缝的延伸扩展规律进行研究,并验证水力压裂拟三维理论模型的裂缝扩展形态。

(2)由于煤层钻孔水力压裂的憋压效应,推导得出煤层钻孔压裂的憋压模型,以此确定孔底压力的大小。根据水压裂缝与天然裂缝的力学关系,建立水压裂缝与天然裂缝的遭遇模型,分析水压裂缝与天然裂缝穿过或交替扩展延伸的条件。引入 Plamer 垂直裂缝扩展模型,研究裂缝的长度方程、高度方程、宽度方程及缝中流动的压降方程和连续性方程等,并寻找模型的求解方法。

(3)地应力作用下水力压裂裂缝扩展规律的研究。采用大尺寸(600 mm×600 mm×500 mm)真三轴水力压裂试验系统,试验研究地应力作用下的水压裂缝扩展特征,总结水平最小、最大主应力变化对水压裂缝的扩展延伸规律;根据水平主应力的变化研究裂缝的转向规律;研究等围压状态下的裂缝扩展规律;同时根据煤层中的天然裂隙和近距离煤层群情况,进行预制裂隙煤层和两个煤层联合压裂的试验研究,观察水压裂缝的扩展形态及裂缝扩展延伸规律,研究裂隙和煤层群的水压裂缝扩展延伸情况;研究煤层预制钻孔对水压裂缝的扩展延伸影响规律。

（4）井下瓦斯抽采钻孔的优化布置研究。研究椭圆形周围的塑性区分布,并作为椭圆形裂缝周围的卸压区,是进行瓦斯抽采钻孔优化布置的依据。根据煤层压裂前后的开采状况,研究未进行压裂煤层与压裂煤层的瓦斯抽采钻孔优化布置方法。

（5）地应力作用下的水力压裂工艺设计研究。结合地应力作用下的水压裂缝形态和裂缝扩展规律,研究煤层的水力压裂方法,及煤层瓦斯抽采钻孔的优化布置;研究水力压裂与瓦斯抽采相结合的工艺特点,形成一套基于地应力作用的水力压裂和瓦斯抽采工艺方法,实现煤储层的压裂增透与瓦斯的高效抽采。

二、研究方法

本书研究的基本思路和技术路线如图 1-3 所示。

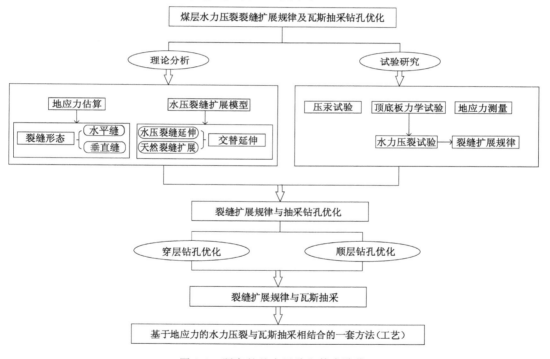

图 1-3 研究的基本思路和技术路线

本书采用试验研究、理论分析、数值模拟和工程实践相结合的综合方法研究煤层水压裂缝扩展延伸规律及瓦斯抽采钻孔的优化布置。以实验室煤岩及顶底板的力学测试及声发射测试地应力试验为基础,结合大尺寸真三轴条件下的煤层水力压裂模拟试验和煤矿井下现场压裂试验收集的资料,以未采动条件下低透气性煤层水力化卸压增透为目的,研究地应力作用下煤层水力压裂裂缝形态与扩展延伸规律。根据煤层钻孔水力压裂压裂段的实际情况,考虑压裂液的沿程损失、摩擦阻力等建立压裂段的孔底憋压模型。根据水压裂缝与天然裂缝的力学关系,建立水压裂缝与天然裂缝的遭遇模型,分析判断水压裂缝穿过天然裂缝及交替扩展延伸条件。引入拟三维垂直裂缝扩展模型,预测裂缝最终的扩展形态。并采用真三轴试验系统研究地应力作用下的煤层水压裂缝扩展规律。结合椭圆形周围的塑性区分布,对压裂煤层的瓦斯抽采钻孔布置进行了优化设计。最终形成一套地应力作用的水力压裂和瓦斯抽采优化相结合的工艺体系,为解决低透气性煤层人工卸压增透和瓦斯高效抽采及区域消突提供一种有效途径。

第二章　煤岩基本力学性质测试

煤岩力学性质是影响煤层气储层可压裂性的关键因素,在一定程度上控制着水压裂缝在储层中的形态、方向以及延伸规模,对煤储层压裂改造有很大的影响,可根据不同煤层区域的煤岩力学参数差异,优选压裂施工方案[147-151]。同时,煤岩力学性质对煤层动态渗透率变化具有重要影响[152]。因此,煤岩力学参数变化的规律性及参数间的关系,对煤储层压裂改造和瓦斯抽采有着重要意义。目前,国内外学者针对煤岩力学性质影响因素已开展大量的研究,李俊乾等[153]研究了围压、孔/裂隙结构、物质组成及水分对煤岩弹性模量的影响。岑朝正等[154]研究了不同含水率下煤岩弹性模量变化规律。张小东等[155]根据沁南地区煤层气井声波测井所得的煤岩体力学性质参数,统计了不同煤体结构高阶煤的弹性模量和泊松比力学参数指标,发现随煤体结构破坏程度的增强,煤岩体的弹性模量和泊松比减小。李玉伟[156]基于鸡西矿区煤阶煤样的单轴压缩试验结果,认为弹性模量与抗压强度呈正相关关系,泊松比与弹性模量在垂直层理方向表现出负相关性。许露露等[157]通过对沁水盆地南部郑庄区块高煤阶区9口煤层气井的力学参数的相关性分析,认为煤岩抗拉强度与抗压强度、弹性模量均具有良好的线性正相关性,与泊松比为负相关,与抗压强度的拟合度最好。综上可知,煤岩力学性质影响因素较多,如孔/裂隙结构、物质组成、水分、煤阶、煤体结构和力学性质等,但归纳起来,这些因素可概括为受沉积影响的煤岩物质组成、受煤阶影响的孔隙结构和水分[158]、受煤阶和构造力学强度影响的孔/裂隙结构等,另外,不同煤体结构也影响煤岩的力学性质。

水压致裂在岩层中造缝、形成裂缝的条件、裂缝的扩展及展布形态、裂缝的发育特点等,均与岩层所处地应力状态、结构构造特征、力学物理性质、压裂液性质及注入方式等因素密切相关。客观内在的关键因素是岩石的实际受力状态及分布,以及岩石的结构构造特征和力学物理特性。一般认为层理为煤岩层最弱结合面,割理次之。这些弱结合面对煤岩试样的制备、力学物理性质的测试,特别是对煤层水力压裂造缝机理和裂隙发育规律等都有不容忽视的影响。

在井下煤层实施水力压裂的过程中,水压裂缝基本发生在煤体内部,煤岩体力学性质、煤层应力场等是水压裂缝扩展延伸的主要影响因素,而水压裂缝能否穿透顶底板很大程度上受到顶底板岩性的制约。因此,煤岩和顶底板的基本力学性质是水力压裂设计的基础资料,也是进行相似材料配比的依据。

第一节　煤岩和顶底板基本力学性质测试

一、试件的采集与制备

根据研究内容,本次试验选择重庆松藻煤电有限责任公司逢春煤矿 M6-3 煤层为水力压裂试验的煤层。因此,试验取样地点为 M6-3 煤层及其顶底板。M6-3 煤层为黑色半暗型煤,似金属光泽,性坚硬,含黄铁矿结核。顶板岩性一般为泥岩、砂质泥岩,底板岩性为黏土岩、泥岩、砂质泥岩。通过现场取样,将所取煤样和顶底板岩样由井下运至地面,然后运回重庆大学煤矿灾害动力学与控制国家重点实验室,在室内利用取芯机钻取煤芯、岩芯,并通过断面磨平机打磨端部。根据国家标准《煤和岩石物理力学性质测定方法 第 1 部分:采样一般规定》(GB/T 23561.1—2009),试验用煤样采用直径为 48～52 mm 的圆柱体,高径比为 2 ± 0.2,最后制成 $\phi50$ mm×100 mm 的标准试件,和 $\phi50$ mm×25 mm 的巴西圆盘试件。试件加工设备及部分煤样和岩样如图 2-1 所示。

（a₁）立式取芯机

（a₂）端面磨平机

（a）取芯及打磨设备

（b₁）顶底板试件

（b₂）煤层试件

（b）标准圆柱试件

（c₁）顶底板试件

（c₂）煤层试件

（c）巴西圆盘试件

图 2-1　加工设备及试件

二、煤岩和顶底板基本力学性质测试

煤岩的基本力学性质是煤层水力压裂裂缝起裂与延展的重要力学约束,水力压裂能否穿透顶底板很大程度上取决于顶底板的基本力学性质,因此,对煤层和顶底板基本力学性质测试是研究水力压裂的重要步骤。煤层及顶底板的基本力学性质由单轴压缩、三轴压缩及巴西劈裂等试验测定,通过 MTS815 材料试验机进行加载,试验机轴向最大加载载荷为 2 800 kN,围压最大为 80 MPa,孔隙水压最大为 80 MPa,温度最高为 200 ℃,采用位移控制方式,加载速率为 0.1 mm/min。试验设备如图 2-2 所示。

图 2-2　MTS 815 电液伺服试验系统

（一）煤岩及顶底板单轴压缩试验

（1）试验设备、试样要求

试验设备:MTS 815 材料试验机。

试样规格:采用直径为 50 mm,高为 100 mm 的标准圆柱体。

加工精度:平行度,试样两端面的平行度偏差不得大于 0.1 mm,将试样放在水平检测台上,调整百分表的位置,使百分表触头紧贴试样表面,然后水平移动试样百分表,指针的摆动幅度小于十格即达标。直径偏差,试样两端直径偏差不得大于 0.2 mm,用游标卡尺检查。轴向偏差,试样的两端面应垂直于试样轴线,将试样放在水平检测台上,用直角尺紧贴试样垂直边,转动试样,两者间无明显缝隙即达标。

试样数量:每种状态下试样的数量不少于 3 个。

记录破坏载荷值及加载过程中出现的现象,并对试样破坏形态进行描述。

（2）单轴抗压强度试验

单轴抗压强度由式（2-1）计算。

$$\sigma_c = \frac{P}{S} \tag{2-1}$$

式中　　σ_c——岩石单轴抗压强度,MPa;

　　　　P——岩石破坏载荷,N;

　　　　S——试样初始截面积,mm²。

（3）弹性模量

弹性模量是弹性材料最重要、最具特征的力学性质,是物体弹性变形难易程度的表征,用 E 表示。弹性模量定义为理想材料有小形变时应力与相应的应变之比,单位为 N/m²。模量的性质依赖形变的性质。剪切形变时的模量称为剪切模量,用 G 表示。

$$G = \frac{\tau}{\gamma'} = \frac{(F_\rho/A)}{(s/d)} \tag{2-2}$$

式中　G ——剪切弹性模量，N/m^2；

　　　τ ——剪应力，Pa，N/m^2；

　　　γ' ——剪切应变；

　　　F_ρ ——平行于其作用面的力，N；

　　　A ——面积，m^2；

　　　s ——面的位移，m；

　　　d ——位移面之间的距离，m。

（4）泊松比

岩石在单轴压缩过程中纵向变形的同时横向也发生相应变形，在轴向应力-纵向应变与轴向应力-横向应变曲线上，对应直线段纵向应变和横向应变的平均值之比称为柏松比，可由式（2-3）计算。

$$\mu = \frac{\varepsilon_{2p}}{\varepsilon_{1p}} \tag{2-3}$$

式中　μ ——岩石的泊松比；

　　　ε_{1p} ——轴向应力-纵向应变曲线中对应直线段部分的应变的平均值；

　　　ε_{2p} ——轴向应力-横向应变曲线中对应直线段部分的应变的平均值。

抗压强度 σ_c、剪切弹性模量 G、泊松比 μ 试验结果见表 2-1。

表 2-1　煤岩及顶底板单轴压缩试验结果

岩层名称	试件尺寸		抗压强度 σ_c/MPa	抗压强度均值/MPa	弹性模量 G/MPa	弹性模量均值/MPa	泊松比 μ	泊松比均值
	直径 D/mm	高度 H/mm						
煤	49	99.8	6.24	6.47	1.186	1.195	0.28	0.30
		100.1	6.49		1.307		0.32	
		99.6	6.68		1.092		0.31	
顶板	49	100.1	15.58	15.95	2.661	2.636	0.24	0.24
		99.8	16.52		2.562		0.22	
		101.1	15.76		2.684		0.25	
底板	49	97.4	18.76	18.91	2.947	2.942	0.23	0.23
		100.2	19.13		2.984		0.21	
		99.2	18.85		2.895		0.24	

（二）煤岩与顶底板巴西劈裂试验

（1）试样制备

试样可用钻孔岩芯或岩块，在取样和试样制备过程中，不允许人为裂隙出现。

试样规格：采用直径为 50 mm，高为 25～50 mm（高度为直径的 0.5～1.0 倍）的标准圆柱体。试样尺寸的允许变化范围不宜超过 5%。对于非均质的粗粒结构岩石，或取样尺寸小于标准尺寸者，允许使用非标准试样，但高径比必须满足标准试样的要求。

试样数量：一般每种岩石同一状态下，试样数量不少于 3 块。

试样制备精度：整个厚度上，直径最大误差不应超过 0.1 mm。两端不平行度不宜超过 0.1 mm。端面应垂直于试样轴线，最大偏差不应超过 0.25°。

（2）抗拉强度

岩石抗拉强度是指岩石承拉条件下能够承受的最大应力值。由于巴西劈裂法试验简单，所测得的抗拉强度与直接拉伸法测得的抗拉强度很接近，故常用此法测定岩石的抗拉强度。试件破坏时作用在试件中心的最大拉应力为：

$$\sigma_t = \frac{2P}{\pi dt} \tag{2-4}$$

式中　σ_t ——试件中心的最大拉应力，即抗拉强度，MPa；

　　　P ——试件破坏时的极限压力，N；

　　　d,t ——分别为承压圆盘的直径和厚度，mm。

（三）煤岩及顶底板的三轴压缩试验

（1）试验设备、材料

岩石常规三轴压缩试验是指岩石试样在轴对称应力组合方式（$\sigma_1 > \sigma_2 = \sigma_3$）的三轴压缩试验，可以根据岩石试样在不同围压下试验结果计算内摩擦角和黏聚力。

试验设备：MTS815 材料试验机、三轴室、干燥器、热缩管、胶带、密封圈等。

试样规格：采用直径为 50 mm，高为 100 mm 的标准圆柱体。

试样数量：每种岩石同一状态下，试样的数量一般不少于 3 个，每个试样在一定围压下进行试验。

（2）试验步骤

测量试样尺寸，一般在试样中部两个相互垂直方向测量直径计算平均值；围压一般选取 5 MPa，10 MPa，15 MPa，20 MPa 和 25 MPa。

计算一定侧压力作用下岩石的抗压强度：

$$\sigma_1 = \frac{P}{S} \tag{2-5}$$

式中　σ_1 ——岩石三轴抗压强度，MPa；

　　　P ——纵向破坏载荷，N；

　　　S ——试样初始截面积，m^2。

计算内摩擦角和黏聚力：根据莫尔-库仑准则，岩石内摩擦角 φ 和黏聚力 C 可以利用参数 m 和 b 按式（2-6）和式（2-7）进行计算。

$$\varphi = \arcsin \frac{m-1}{m+1} \tag{2-6}$$

$$C = b \frac{1 - \sin \varphi}{2\cos \varphi} \tag{2-7}$$

其中，参数 m、b 可以通过轴向压力 σ_1 和纵向压力 σ_2 进行计算：

$$b = \frac{\sum \sigma_3 \sigma_1 \sum \sigma_3 - \sum \sigma_1 \sum \sigma_3^2}{\left(\sum \sigma_3\right)^2 - n \sum \sigma_3^2} \tag{2-8}$$

$$m = \frac{\sum \sigma_3 \sum \sigma_1 - n \sum \sigma_1 \sigma_3}{\left(\sum \sigma_3\right)^2 - n \sum \sigma_3^2} \tag{2-9}$$

根据试验结果,计算煤岩和顶底板的黏聚力和内摩擦角,见表2-2。

表2-2 煤岩及顶底板抗拉强度、黏聚力和内摩擦角试验结果

名称	试件尺寸		抗拉强度 σ_t /MPa	抗拉强度均值/MPa	黏聚力 C/MPa	黏聚力均值/MPa	内摩擦角 φ/(°)	内摩擦角均值/(°)
	直径/mm	厚度/mm						
煤	49	25.6	0.94	1.09	2.09	2.19	32.32	31.92
		24.5	1.21		2.35		31.81	
		25.1	1.13		2.13		31.64	
顶板	49	25.2	2.92	3.22	3.87	3.52	37.64	37.15
		25.0	3.283		3.24		36.83	
		25.0	3.458		3.46		36.97	
底板	49	25.3	4.011	3.58	3.42	3.68	40.05	39.38
		23.7	3.507		3.64		39.17	
		24.3	3.224		3.97		38.92	

单轴压缩试验是试件在无围压时受轴向压力而压缩破坏,用于测试试件的单向抗压强度 σ_c、弹性模量 E 和泊松比 μ;巴西圆盘劈裂试验是试件受径向压力而破坏,用来测试试件抗拉强度 σ_t;三轴压缩试验是在一定围压下试件受轴向压力而破坏,可以计算试件的抗剪强度 τ,然后进一步计算黏聚力 C 和内摩擦角 φ。试验测试的煤岩和顶底板基本力学性质见表2-1和表2-2。

第二节 煤岩的孔隙特征及连通性

煤是一种复杂的多孔性固体,表观具有众多的孔隙裂隙结构,细观煤基质有许多微裂隙孔隙,并且孔隙-裂隙系统为瓦斯的储存和运移提供了场所[159-160]。其孔隙裂隙的组成和特征,不仅影响煤中瓦斯的吸附、解吸、扩散和渗流规律,而且对煤本身的物理力学性质也有一定的影响。相关研究认为煤体瓦斯吸附解吸扩散能力与煤体孔隙结构密切相关,煤体微孔为瓦斯的吸附和储存提供了主要空间,决定了瓦斯解吸衰减速度,而中孔和大孔为瓦斯扩散提供了运移通道,使得瓦斯在解吸初期能够迅速释放,从而影响煤体瓦斯初期的解吸特性。对于高阶煤而言,尤其是变质程度最高的无烟煤,中孔和微孔都很发育,且迂曲度小于其他煤样。在同等条件下,高阶煤吸附瓦斯的能力强于中、低阶煤[161]。

煤岩的孔隙特征决定着煤的吸附、扩散和渗流特性,是煤层透气性的一个基本指标。根据煤孔隙的形成原因,煤孔隙可分为分子间孔、煤植体孔、热成因孔和裂缝孔等[162]。根据煤孔隙空间尺度又可将煤孔隙分为大孔($>1\ \mu m$)、中孔($0.1\sim1\ \mu m$)、小孔($0.01\sim0.1\ \mu m$)和微孔($<0.01\ \mu m$)四个等级。孔隙在结构上可划分为孔道和喉道,孔隙结构是指储集岩所具有的孔隙和喉道的几何形状、大小、分布及其相互连通关系[163-165]。煤岩具有较丰富的孔隙结构会使介质在有效应力变化时渗流特性发生较大改变,这是煤岩压力敏感性的主要表现形式,因而,水力压裂改造后的煤层渗透性会发生较大变化。煤的内外部孔隙特征的测定方法有许多种,主要包括电镜扫描法、压汞法、气体吸附法、活性及反应表面法等。目前,

压汞技术是获取微观孔隙结构定量资料的重要途径,压汞法是基于汞对固体表面的非润湿性,即在外界压力的作用下,克服汞的表面张力带来的阻力使其挤入多孔材料的孔隙中实现检测的。根据毛细管压力理论,孔径越小,所需要的压力就越大,外压力与进汞量的净值成反比。压汞技术可以实现定量研究储集岩孔隙、喉道半径的大小和分布范围[166]。

压汞仪工作时通过加压使汞进入固体中,进入固体孔中的孔体积增量所需的能量等于外力所做的功,即等于处于相同热力学条件下的汞-固界面下的表面自由能。而之所以选择汞作为试验液体,是根据固体界面行为的研究结论,当接触角大于 90°时,固体不会被液体润湿。同时研究得知,汞的接触角是 117°,故除非提供外加压力,否则煤体不会被水银润湿,不会发生毛细管渗透现象。因此要把汞压入毛细孔,必须对其施加一定的压力克服毛细孔的阻力。通过试验得到一系列压力 p 和相对应的水银浸入体积 V,提供了孔尺寸分布计算的基本数据,采用圆柱孔模型,根据压力与电容的变化关系计算孔体积及比表面积,依据华西堡方程计算孔径分布。压汞试验得到的结果是不同孔径范围所对应的孔隙量,进一步计算得到总孔隙率、临界孔径(材料由不同尺寸的孔隙组成,较大的孔隙之间由较小的孔隙连通,临界孔是能将较大的孔隙连通起来的各孔的最大孔级。根据临界孔径的概念,该表征参数可反映孔隙的连通性和渗透路径的曲折性)、平均孔径、最可几孔径(出现概率最大的孔径)及孔结构参数等。

本次试验采用美国康塔仪器公司(Quantachrome)生产的 PoreMaster(GT)全自动压汞仪,其利用汞的非浸润性测试 M6-3 煤层煤样的孔隙特性,主要包括孔隙体积、孔径分布、密度和粒度分布,PoreMaster(GT)全自动压汞仪 60 系列最大压力为 60 000 psi(1 psi = 6.895 kPa),可测孔径范围为 3 nm~1 080 μm,该压汞仪具有极大的灵活性,能自动进行清零、矫正及安全检测等,试验样品和仪器如图 2-3 所示。

（a）煤样　　　　　　　　　　　　　　　（b）压汞仪

图 2-3　压汞试验煤样和仪器

试验得到的数据见表 2-3,在孔隙数据结构中,阈值压力又称为排驱压力,是孔隙中最大连通孔隙相对应的毛细管压力,其反映了煤体孔隙喉道的集中程度。一般来说,孔隙率高、渗透率好的样品,其阈值压力值就低,相反,孔隙率底、渗流率差的样品,其阈值压力值就高。迂曲度为流动路径的长度与样品长度之比的平方,迂曲度是表征煤体孔隙结构迂回曲折程度的特性参数,因此,煤样迂曲度越高表明煤中孔隙通道越弯曲和复杂。孔喉半径比能够反映流体的渗流特征,孔喉比越大,表明孔隙、喉道之间的差异越大,流体流动的渗流阻力就越大[167]。因而,由表 2-3 可以看出,两个煤样的阈值压力大,孔隙率较小,表明煤样的渗透率低;迂曲度与孔吼比低,表明煤样的孔隙通道较通畅、渗流阻力小,有利于瓦斯渗流。因此,M6-3 煤层渗透性低,但煤层孔隙通道渗流阻力小,一旦煤体渗透性增加,瓦斯涌出量较大。

表 2-3　M6-3 煤层煤样压汞试验结果

M6-3 煤层	样品质量/g	总压汞量/(mL/g)	总孔隙面积/(m²/g)	阈值压力/psi	孔隙率/%	迂曲度	孔吼比
1 号煤样	1.169 3	0.018 3	4.359 4	21.756 3	2.144 5	2.205 8	0.869 2
2 号煤样	1.270 8	0.026 9	5.203 1	43.204 0	3.414 1	2.191 4	0.993 0
均值					2.779 3	2.198 6	0.931 1

孔径及孔径分布是多孔材料的重要性质之一,对多孔体的透过性、渗透速率、过滤性能等性质均具有显著影响。根据霍多特[168]分类法,将孔隙分为 5 个级别,即孔径大于 105 nm 的裂缝和肉眼可见孔隙,构成瓦斯层流与紊流同时存在的区域;孔径大于 1 000 nm 的大孔,构成瓦斯剧烈层流渗透区域;孔径为 100～1 000 nm 的中孔,为瓦斯缓慢层流渗透区域;孔径为 10～100 nm 的小孔(或过渡孔),为瓦斯毛细凝结和扩散区域;孔径小于 10 nm 的微孔,是瓦斯的吸附容积[169]。煤样的孔隙体积分布测试结果如表 2-4 所示,从中可以看出,M6-3 煤层煤样平均小孔所占比例最大,微孔次之,大孔最少。因此,该煤层以小孔、微孔为主,可能会造成煤层吸附瓦斯较多,瓦斯含量较大。

表 2-4　M6-3 煤层煤样的孔隙体积分布

孔隙类别	孔径/nm	比孔隙体积/(m²/g)		孔隙体积/%	
		1 号煤样	2 号煤样	1 号煤样	2 号煤样
大孔	>1 000	0.163 5	0.112 1	13.98	8.82
中孔	100～1 000	0.142 9	0.323 2	12.22	25.43
小孔	10～100	0.546 4	0.580 9	46.73	45.71
微孔	<10	0.316 5	0.254 7	27.07	20.04
合计		1.169 3	1.270 8	100	100

煤样进汞与退汞关系曲线如图 2-4 所示。由图 2-4 可得,1 号煤样和 2 号煤样的退汞效率分别为 98.52% 和 99.22%,煤样退汞效率高,由于汞的退出效率能够反映出润湿相排驱非润湿相时所排出的非润湿相量的大小,据此可以预测 M6-3 煤层水力压裂后一般会有较高的瓦斯产量。

同时,样品的"孔隙滞后环"反映了孔隙的连通性及基本形态,开放孔具有压汞滞后环,封闭孔不具有滞后环,细瓶颈孔形成"突降"型滞后环[170]。由图 2-4 可以看出,煤样的进汞与退汞有一定的差值,"孔隙滞后环"明显,表明煤样孔隙形态为开放孔,连通性较好。因此,

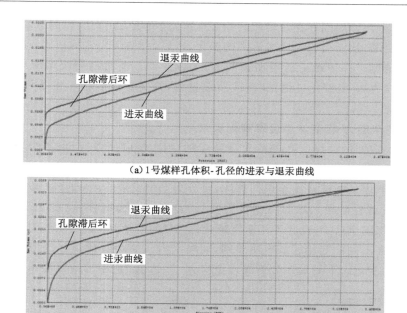

（a）1号煤样孔体积-孔径的进汞与退汞曲线

（b）2号煤样孔体积-孔径的进汞与退汞曲线

图 2-4　M6-3 煤层煤样进汞与退汞曲线

M6-3 煤层如果透气性增加，其瓦斯流量较大。

第三节　水力压裂与煤岩应力-应变及渗透率演化关系

煤岩的沉积形成过程可分为两个阶段，即泥炭化阶段和煤化阶段，在煤化作用过程中，瓦斯会不断地产生，煤化作用越高，累计产生的瓦斯量就越多。随着煤体变质程度的增大，煤岩体内部储存了大量瓦斯气体，煤基质与瓦斯的固气耦合作用又使煤岩生成了大量的孔隙裂隙，最终造成了煤岩体的多孔介质特性。渗透率是指在一定压差下，岩石允许流体通过的能力，它是煤岩体中瓦斯流动与抽采的重要参数，也是判断煤层气产量的依据。原始煤层渗透率的影响因素有很多，主要包括煤岩物理性质、埋深、地质构造、地层压力、构造运动、裂隙等。在煤层未开采前，对煤层内的瓦斯进行抽采作业是煤矿安全生产的首要环节，因此，对煤岩的渗透率演化规律进行分析研究是进行煤层增透改造和瓦斯抽采的重要内容。在外力作用下，煤层的物理力学性质会发生变化，由原有的应力平衡状态进入应力变化过程，煤岩内部赋存的瓦斯会产生吸附、解吸效应，同时引起渗透性的变化，因而，煤岩的应力-应变与其渗透率的演化息息相关。

水力压裂是指以恒定或逐渐增加的排量通过钻孔向煤层注水，形成一组沿最大主应力方向延伸、最小主应力方向张开的径向张性裂缝，从而提高煤层的透气性。煤体内部存在微观孔隙、裂隙结构，孔隙和裂隙的发育形成了渗流通道，水力压裂利用煤体特殊的结构，通过压裂泵将井下水流加到一定压力注入煤层，注入的水压在渗流通道原岩应力下减弱，最终注入水压力和渗水压力形成渗流平衡，使裂隙充分得到扩展并和煤岩体层理面形成贯通，煤体的有效体积得到扩张，并且煤岩体内部裂隙交互贯通形成网状结构。在对煤层进行水力压裂的过程中,水力裂缝周围存在着增压区和卸压区,这些压力出现变化的区域会造成煤岩体局部的受力和变形,从而引起煤层渗透率的变化,所以,分析煤岩体的应力-应变特征与渗透率的演化规律是煤矿井下水力压裂增透的理论基础[171]。而裂缝周围增压区形成过程中,类似煤岩的全应力-应变变化过程;卸压区形成过程,则类似煤岩在一定条件下卸围压时的应力-应变过程。

一、煤岩的全应力-应变与渗透率演化规律

以煤矿现场取回的原煤试样进行含瓦斯煤的全应力-应变渗流试验,分析煤岩的应力-应变与瓦斯渗透率演化关系。含瓦斯煤的全应力-应变与瓦斯流量关系如图 2-5 所示,从中可以看出,含瓦斯煤从加载开始至煤样破坏,可分为 5 个发展阶段,即 OA 段(孔隙裂隙压密阶段)、AB 段(线弹性阶段)、BC 段(塑性阶段)、CD 段(应力跌落阶段)、DE 段(应变软化阶段)。由含瓦斯煤的全应力-应变与瓦斯流量变化曲线可以看出,煤岩在外力作用下,渗透率随应力的增加,在不同的变化区域有所差别,同样水力压裂会造成煤体的应力变化,从而导致煤岩渗透性的变化。下面具体分析煤岩全应力-应变与渗透率的演化规律。

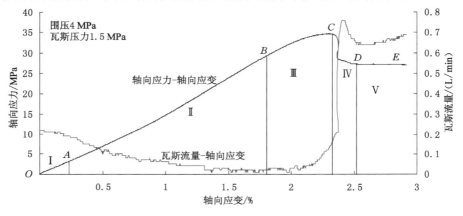

图 2-5　含瓦斯煤的全应力-应变与瓦斯流量关系

(1) OA 段即第 Ⅰ 阶段孔隙裂隙压密阶段:这个阶段近似原生结构煤,随着轴压增加,煤岩受力发生形变,使得煤岩中原本连通的孔隙裂隙通道逐渐被压密闭合,瓦斯流动的通道变窄,导致瓦斯渗流速度减小,瓦斯流量逐渐下降。此阶段对应水压裂缝周围增压区周边弹性区与原生结构煤交汇的区域,随着煤岩变形进入弹性区,其初始渗流量也随之逐渐降低。

(2) AB 段即第 Ⅱ 阶段线弹性变形阶段,这个阶段的应力-应变曲线近似呈线性变化,内部结构处于弹性变形阶段,煤岩内部所有的原始缺陷只发生弹性变形,基本没有损伤演化,煤岩体中原始的孔隙裂隙进一步被压密闭合,瓦斯流量继续减小,直到应力达到屈服极限时,瓦斯渗透率达到最小。此阶段为水压裂缝周围增压区周边的弹性区域,为煤体瓦斯渗透率最小的阶段。

(3) BC 段即第 Ⅲ 阶段塑性阶段。这个阶段应力-应变曲线下弯,煤样的渗流速度开始增加。在不断增加的轴压作用下,煤岩体内部产生了连续的损伤破坏,越来越多的微裂纹产生扩展,塑性变形增加;同时原始裂隙进一步发育,产生了新的裂隙,应力到达峰值时,宏观裂纹形成,煤样发生破坏,与之相对应的瓦斯流量也迅速增加。这个阶段为水压裂缝周围增压区周边的塑性变形区,同时也是瓦斯抽采的重要区域。

（4）CD 段即第Ⅳ阶段应力跌落阶段。这个阶段煤岩破坏,其损伤形式从连续损伤发展到局部损伤,导致应力突然下降,煤岩失去原来的承载能力,宏观裂纹扩展,渗透率也飞速增加。这个阶段煤体内形成裂缝或贯通裂缝,煤体强度已遭到破坏。这个阶段基本为水压裂缝破坏区域,渗透率很大,是瓦斯抽采的重要阶段。

（5）DE 段即第Ⅴ阶段应变软化阶段。这个阶段煤岩的轴向应力基本保持不变,轴向应变在逐渐增加,煤样处于蠕变状态,也可以认为该阶段的煤岩处于残余强度阶段。此时,煤岩的横向变形在不断扩展,煤体破碎程度增大,煤体内的裂缝已经形成,瓦斯渗流速度仍在增加,但增长趋势相较于前一阶段明显减缓。这个阶段煤体内的裂隙孔隙较多,对应于水压裂缝的破坏区域,瓦斯渗透性较大,也是瓦斯抽采的主要区域。

根据上述含瓦斯煤的应力-应变曲线与渗透率关系的演化规律可以看出,井下水力压裂对煤层的压裂是依靠高压水使煤体发生破坏,打破其原有的原岩应力平衡状态,使煤体内的应力重新分布,在水压裂缝增压区周围形成了不同的应力-应变区域,从而造成了不同区域的瓦斯渗透速率大小不同。

二、煤岩卸围压应力-应变与渗透率演化规律

在进行水力压裂的过程中,注入煤层的高压水会破坏煤体,使处于原岩应力状态的煤体产生卸压,煤体内赋存的瓦斯在卸压过程中的渗透率变化规律也是卸压增透研究的重点,下面就以煤岩卸围压应力-应变与渗透率演化规律进行说明。

煤岩卸围压过程中围压应力-应变曲线与渗透率关系如图 2-6 所示,图中 K_0 为初始渗透率。将卸围压过程中煤岩的应力-应变分成 3 个特征阶段[172],即屈服前阶段、屈服后阶段、破坏失稳阶段。

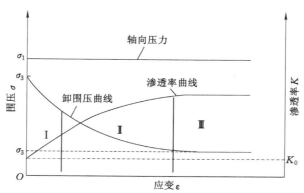

图 2-6　煤岩卸围压应力-应变与渗透率关系

（1）第Ⅰ阶段为屈服前阶段,即弹性变化恢复阶段。开始卸围压后,煤岩的应变逐步增加,煤岩体内部的节理裂隙开始发生变化,原先闭合压缩的节理裂隙逐渐扩展、张开,瓦斯渗流的通道变多、变大,煤岩渗透率开始增长。这个阶段对应水力压裂裂缝周围卸压区中的弹性变化区,是煤层渗透性逐步增加的区域。

（2）第Ⅱ阶段为屈服后阶段,即塑性变形阶段。随着卸围压的进一步增大,煤岩发生塑性变形,煤岩内原有的微裂隙、孔隙张开度越来越大,原生裂隙破裂扩展,并伴随新裂隙的萌生,渗透率开始迅速增加。这个阶段为水压裂缝周围卸压区中的塑性变形区,渗透性较好,是卸压增透的主要瓦斯流动与抽采区域。

（3）第Ⅲ阶段为破坏失稳阶段。由于地应力的存在，煤岩内部卸围压达到初始围压状态，基本处于等围压状态。而应变的增大使得煤岩已经发生破坏，裂隙破裂扩展、增多，形成相互沟通的裂缝网络，煤岩渗透率依然在增大，并逐渐趋于稳定。此阶段对应水力压裂裂缝周围卸压区周边的裂缝煤层，瓦斯流动较高，是卸压增透中瓦斯涌出与抽采的重点区域。

由煤岩卸围压应力-应变曲线与渗透率的演化规律可以看到，围压-应变曲线与渗透率-应变曲线呈现出明显的对应关系，这表明围压对煤岩的变形和渗透率影响较大，井下水力压裂使煤层中水压裂缝周围形成了卸压增透区域，这些区域的渗透率较高，瓦斯流量大，是瓦斯涌出与钻孔抽采的关键区域。

第四节　声发射测量地应力

一、地应力在水力压裂中的作用

地应力是存在于地层中的未受扰动的天然应力，也称岩体初应力、绝对应力或者原岩应力，主要由重力作用和构造运动引起。地应力从成因上可以分为自重应力、构造应力、变异及残余应力和附加应力类型[173]。深度是影响地应力的重要因素，垂直应力总体上随着深度的增加而不断增大[174-175]，随着深度与地区的不断变化，地应力的方向和大小也随时间和空间的不同而变化，从而构成地应力场。地应力场主要包括重力应力、构造应力、孔隙流体应力和热应力等。其中水平方向的构造运动引起的构造应力对地应力的影响最大。构造应力在现今的地应力场中起着主导和控制作用。现今地应力场的最大主应力的方向主要取决于现今构造应力场，它和地质史上曾经出现过的构造应力场之间并不存在直接或者必然的联系。只有在现今地应力场继承先前应力场而发展或与历史上某一次构造应力场的方向耦合时，现今应力场的方向才可能与历史上的地质构造要素之间发生联系。最近的一次构造运动控制着当前的地层应力状态，但也与历史上的构造运动有关[176]。此外，由于地应力场受到多种因素的影响，主要包括地形地貌、地层岩性、地质构造、地下水变化、气压变化、温度不均等因素[177]，造成了地应力状态的复杂性和多变性，因而，即使在同一地区，不同点的地应力状态也可能是不相同的。

在煤层中进行水力压裂必然受到地应力场的影响，因此，地应力场的研究与确定是进行水力压裂设计的前提，具有以下作用[178]。

分析三向地应力的关系，可以确定水力压裂裂缝的形态；

最大主应力方向的确定，可以判定天然裂缝与人工裂缝的关系，为水压裂缝的扩展方向提供依据；地应力的确定为压裂后煤层瓦斯抽采钻孔优化布置提供依据；

地应力大小的测量为水力压裂施工参数的选择、压裂泵的选型、水压裂缝结果的预测提供依据；同时也为水压裂缝三维延伸即裂缝缝高的预测与控制提供依据。

二、声发射测量地应力

地应力是引起各种地下或露天岩石开挖工程变形和破坏的根本作用力，地应力的测试与估算是实施地下工程设计与施工的重要步骤，合理的地应力值对于岩体工程设计、预测岩体结构变形等起着至关重要的作用。

1932年，美国采用表面应力解除法在哈弗大坝泄水隧道中进行了世界首次地应力实测[179]，开启了地应力实测的序幕。20 世纪 50 年代初，瑞典科学家哈斯特在斯堪的纳维亚半岛利用自主发明的压磁应变计进行了地应力的测量工作，通过分析发现，地壳上部岩石中的地应力大多呈水平状或近水平状，且最大水平主应力一般为垂直应力的 1～2 倍，甚至更多[180]。这一发现从根本上动摇了延续很长时间的地应力是重力引起的垂直应力的观点，而认为构造运动是形成地应力的一个重要因素。同时也推动了地应力实测研究的迅速发展。中国地应力测量的创始人是李四光教授，早在 20 世纪 40 年代，他就提出地壳中水平运动为主，水平应力起主导作用。他认为，地壳内的应力活动是以往和现今使地壳克服阻力，不断运动发展的原因，地壳各部分所发生的一切变形，包括破裂，都是地应力作用的反映。我国于 1962—1964 年在三峡平善坝址开展了首次地应力测量，得到了岩体表面应力实测结果。1964 年在大冶铁矿进行了国内首次应力解除法测量。20 世纪 70 年代以后，我国地应力测量技术快速发展[181]。

地应力测量并不是一项简单的工作，目前，地应力测量方法已有十余种，这些方法包括水压致裂法、钻孔应力解除法、表面解除法、钻孔崩落法、应力恢复法、震源机制分析法、地质资料分析法、扁千斤顶法、岩芯饼化等。水压致裂法是利用膨胀封隔器在已知深度上封隔一段钻孔，然后对封隔器之间的岩孔进行高压注水，注水同时记录破坏压力、瞬时关闭压力和使破裂重新张开的压力，以此来确定水平主应力值。然后通过印模套筒向钻孔孔壁膨胀，印下破裂的印痕，破裂印痕的方向就是水平最大主应力方向[182-183]。应力解除法的基本原理是，当一块岩石从受力作用的岩体中取出后，由于岩石的弹性会发生膨胀变形，测量出应力解除后的此块岩石的三维膨胀变形，并通过现场弹模率确定其弹性模量，再由线性胡克定律即可计算出应力解除前岩体中应力的大小和方向[184]。扁千斤顶又称"压力枕"，由两块薄钢板沿周边焊接在一起而制成，在周边有一个油压入口和一个出气阀。从原理上来讲，扁千斤顶法只是一种一维应力测量方法，一个扁槽的测量只能确定测点处垂直于扁千斤顶方向的应力分量。为了确定该测点的六个应力分量就必须在该点沿不同方向切割六个扁槽，这是不可能实现的。扁千斤顶测量只能在巷道、硐室或其他开挖体表面附近的岩体中进行，因而其测量的是一种受开挖扰动的次生应力场，而非原岩应力场。同时，扁千斤顶的测量原理是基于岩石为完全线弹性的假设，对于非线性岩体，其加载和卸载路径的应力应变关系是不同的，由扁千斤顶法测得的平衡应力并不等于扁槽开挖前岩体中的应力。

尽管目前已有多种测试地应力的方法，但这些方法一般工作量大、工艺复杂、成本较高、测试困难，在地应力测量中的使用在一定程度上受到限制[185]。采用现场取样，再按照一定方向钻取岩芯，室内进行试验，然后进行数据处理与分析获得地应力值的方法，操作则简便快捷。声发射测量地应力由于其试验简单、直观、速度快、相对经济和现场作业量少等优越性，已经逐渐成为一种测量地应力的实用方法[186]。综合考虑经济等方面的因素，在测量地应力的诸多方法中，利用岩石声发射凯塞效应（Kaiser effect）测定地应力在国内外普遍受到重视[187]，本书采用声发射的方法测量 380S 大巷的地应力，并推算逢春煤矿 M6-3 煤层的地应力值。

（一）声发射测量地应力原理

声发射（acoustic emission，AE）是在凯塞效应的基础上来测定地应力的一种方法，其原理是材料或结构内部受力作用产生变形或断裂时，会以弹性波的形式释放出应变能，在应变释放的过程中会发出声响，据此可以测量材料内部的应力值[188]。岩石产生声发射现象的实质是来源于其内部缺陷的受力扩张,而岩石的每一次受力,都会使其内部组织结构产生与受力大小及方向相适应的破裂系统,在构造力学上把这种显微裂纹称为格里菲斯裂纹。当岩体受力时,如果受力小于先期产生裂纹的力,则先期形成的裂纹或缺陷不会进一步破裂,因此也就没有声发射现象产生,一旦受力达到或超过先期应力,则先期产生的裂纹或缺陷将进一步扩展,声发射作用随着产生,这就是岩石的凯塞效应。此时的应力值,代表了先期裂纹形成时的古应力值,这也就是凯塞效应对古应力强度的"记忆"。这里应该指出的是,由于材料产生声发射意味着损伤,损伤是不可逆的,变形增加伴随着微元的破裂,即使变形复原或完全卸载,那些已破裂微元的强度是不可恢复的。岩石对先前应力环境的"记忆",是通过对岩石自身受到的损伤程度来实现的。因此,只有当应力环境对岩石产生新的损伤时,才会有凯塞效应现象产生。从理论上讲,凯塞效应并不能把岩石每一次破裂变形时所经历的应力强度都"记忆"下来,它只是"记忆"其中最高应力场强度。例如,如果岩石遭受某一应力场的强度高于之前的受力强度,则不仅形成新的裂纹,同时以前的应力"记忆"随着微裂纹的扩展而被抹掉[189]。

当测量岩体破裂时,每一次的裂缝扩张,就引起能量的一次释放,产生一次声发射。此时的传感器就接收到一次声发射信号,产生一个声发射波,这就叫一次声发射事件。通常,通过对仪器输出的波形处理之后才能得到声发射表征参数,也就是通过对声发射事件大小和发生频率有关的参数及一个单一事件或者一组事件的频谱有关的参数进行描述得到,最常用的参数为[190]:

① 累计活动,在一定的时间范围内声发射事件发生的次数;
② 声发射率,在单位时间内声发射事件的次数;
③ 声发射幅度,在观测时间的任意时间某一次声发射的最大振幅;
④ 声发射能量,任意时间声发射事件振幅的平方;
⑤ 声发射累计能量,在一定时间内所有声发射事件的声发射能量之和;
⑥ 声发射能率,观测单位时间内所有声发射事件的声发射能量之和。

凯塞效应测定原岩应力时,通常采用的方法是在现场采取定向岩样,经室内加工后进行单轴抗压强度测试,观察岩样在加载过程中发出的声信号变化,当作用力达到某一临界值时,声发射活动会突然增多,此临界应力值即为岩芯试件先前所受的应力(原岩应力),即凯塞效应点应力,以此应力值作为岩芯轴向方向上的原岩应力值,最后用弹性力学理论求出岩芯所处环境的原岩应力。声发射测定应力的关键就是找出凯塞点,但是大多数岩石的凯塞点并不明显,使得正确判断凯塞点位置比较困难。一般是先绘出 AE 累计曲线或 AE 率对应力的响应曲线,然后找出响应曲线的突变点作为凯塞点。

声发射法不仅可以测定地应力的大小,还可以对岩心进行定向来获取原地应力方向,常规的声发射方法能较好地对地层表面的地应力进行测量,劳动量小,可以保持研究岩体的完整性,在同一地点或者多区进行多次测量。但声发射法不适合地层深处的探测,因为当岩芯在 3 000 m 以上的深度取得时,利用常规声发射方法对岩芯进行试验时,往往在还没有达到凯塞点时,岩芯就已经发生破坏,同时伴有声音发出,此时采集到的信号就不是声发射凯塞效应发出的信息,所以无法用这种方法对深部地层进行测量。由于声发射需要弹性波作介质,因而,此方法多适用于强度较高的脆性岩体。

（二）声发射测量地应力方法

声发射测量地应力制取岩石试样时,为了便于计算空间主应力,从地层中取出的岩芯,一般需要从六个特殊方向钻取岩芯,三个任意相互垂直的坐标方向和与 X、Y、Z 轴成 $45°$ 夹角法面的法线方向的岩样,即 $X,Y,X45°Y,Y45°Z,Z$ 和 $Z45°X$,其中 X,Y,Z 相互垂直,后三个方向分别与 X,Y,Z 成 $45°$ 夹角,利用弹性力学公式可求得空间主应力。为方便主应力的测定与计算,对取出来的岩样测地应力时,常假设钻孔轴线平行于某一主应力,为测点平面内的主应力,常采用三个方向的定向试样进行测试:即 $X,Y,X45°Y$ 及 Z,如图 2-7 所示。

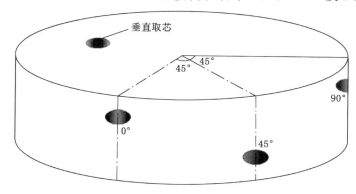

图 2-7　声发射试验取芯示意

（三）声发射测量地应力

根据上述取样方法,对松藻矿区逢春煤矿 380S 岩石掘进大巷取样进行声发射测量地应力试验,制取加工的岩石试样如图 2-8 所示。声发射试验采用 MTS815 材料试验机。试件为茅口灰岩。声发射设备采用美国物理声学公司生产的 12CHs PCI-2 声发射测试分析系统,其主放设定为 40 dB,门槛值为 40 dB,探头谐振频率为 $20\sim400$ kHz,采样频率为 1 MHz。声发射探头涂抹黄油后放置于试件中上部,并用胶带固定,采集数据的通道对应独立的前置放大器和传感器,试验系统如图 2-9 所示。试件安装好后,设置好声发射测试分析系统参数后进行试验,试验时同时点击加载系统的程序运行按钮和声发射检测系统的开

图 2-8　制取的不同方向岩样

始按钮,计算机同时采集试验所需要的数据。

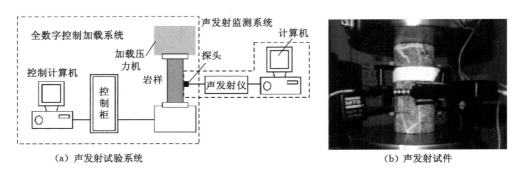

（a）声发射试验系统　　　　　　　（b）声发射试件

图 2-9　声发射试验系统

试验时,保持加载过程与声发射监测同步,采用位移控制方式,加载速率为 0.1 mm/min,全程测试数据由计算机自动采集与储存。部分试件声发射试验结果如图 2-10 和图 2-11 所示。

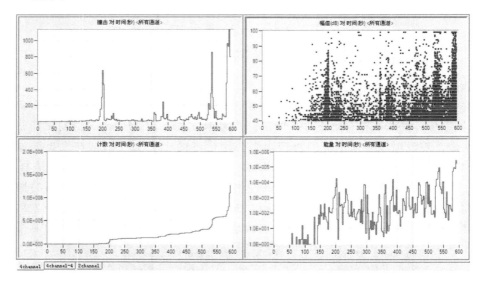

图 2-10　灰岩声发射试验结果

如图 2-11 所示的声发射特征曲线,在声发射计数、能量、累积计数、累积能量、幅值与时间的关系上,同载荷与时间的关系曲线上寻找凯塞效应特征点,确定凯塞值,测试灰岩试件的声发射应力值见表 2-5。

岩样取芯时,严格按照图 2-7 的方法制取,因而水平方向各试件的夹角为 45°。根据表 2-5 的声发射试验测试结果,采用式(2-10)至式(2-12)计算水平最大主应力、最小主应力及最大水平主应力方向,计算结果见表 2-6。

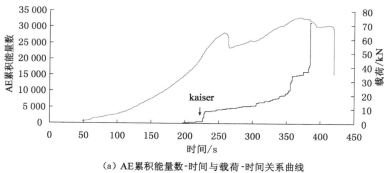

（a）AE累积能量数-时间与载荷-时间关系曲线

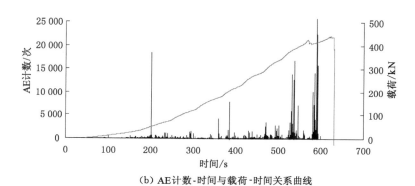

（b）AE计数-时间与载荷-时间关系曲线

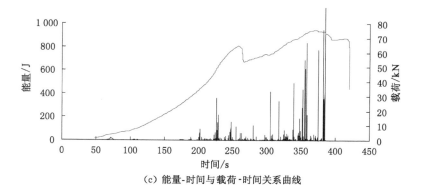

（c）能量-时间与载荷-时间关系曲线

图 2-11　灰岩单轴压缩过程声发射特征

表 2-5　岩样声发射应力实测值

取样位置	岩性	样号	埋深/m	取样方向	Kaiser点应力/MPa	取样位置	岩性	样号	埋深/m	取样方向	Kaiser点应力/MPa
380S大巷	茅口灰岩	AE1	574.0	X	19.52	380S大巷	茅口灰岩	AE6	552.2	X	19.71
				Y	18.49					Y	18.59
				X45°Y	15.60					X45°Y	16.88
				Z	16.59					Z	17.13
		AE2	576.4	X	19.57			AE7	592.7	X	19.8
				Y	18.69					Y	18.24
				X45°Y	16.56					X45°Y	16.51
				Z	17.33					Z	16.77
		AE3	597.3	X	19.72			AE8	561.0	X	19.86
				Y	19.09					Y	18.55
				X45°Y	16.64					X45°Y	15.92
				Z	17.51					Z	17.39
		AE4	587.0	X	19.44			AE9	582.6	X	18.78
				Y	19.01					Y	18.19
				X45°Y	16.38					X45°Y	15.87
				Z	16.83					Z	17.23
		AE5	600.3	X	18.84						
				Y	18.47						
				X45°Y	15.36						
				Z	16.44						

$$\sigma_1 = \frac{\sigma_x + \sigma_y}{2} + \frac{\sqrt{2}}{2}\sqrt{(\sigma_x - \sigma_{xy})^2 + (\sigma_{xy} - \sigma_y)^2} \tag{2-10}$$

$$\sigma_3 = \frac{\sigma_x + \sigma_y}{2} - \frac{\sqrt{2}}{2}\sqrt{(\sigma_x - \sigma_{xy})^2 + (\sigma_{xy} - \sigma_y)^2} \tag{2-11}$$

$$\tan 2\varphi = \frac{\sigma_x + \sigma_y - 2\sigma_{xy}}{\sigma_x - \sigma_y} \tag{2-12}$$

式中　$\sigma_x,\sigma_y,\sigma_{xy}$ ——平面内平行、垂直和45°方向的正应力实测值；

σ_1,σ_3 ——平面最大主应力、最小主应力，以压为正；

φ —— σ_1 与 σ_x 的夹角，由主应力 σ_1 逆时针转到 σ_x 方向为正。

表 2-6　水平与垂直方向主应力计算结果

试样序号	最大水平主应力/MPa	最小水平主应力/MPa	垂向主应力/MPa	最大水平主应力角度 α/(°)
AE1	22.44	15.56	16.59	40.69
AE2	21.73	16.53	17.33	40.15
AE3	22.19	16.62	17.51	41.77

表 2-6(续)

试样序号	最大水平主应力/MPa	最小水平主应力/MPa	垂向主应力/MPa	最大水平主应力角度 $\alpha/(°)$
AE4	22.09	16.38	16.84	42.85
AE5	21.96	15.35	16.46	43.41
AE6	21.48	16.82	17.13	38.07
AE7	21.64	16.40	16.77	36.38
AE8	22.56	15.85	17.39	39.36
AE9	21.13	15.74	17.23	41.75

三、矿区地应力场

(一)矿区地应力场方向

松藻矿区位于川鄂湘褶皱带与四川沉降带东缘复合部的川黔南北构造的南段与北东向华夏式构造带的接合部,褶皱构造轴向北北东-南南西,北西及北东向断裂斜切褶皱构造。逢春矿井属于松藻矿区羊叉滩井田,在两河口向斜北西翼。井田地形南东高,北西低。地质勘探与开采揭露了 40 余条断层,以北北东和北北西走向为主,断层以逆断层为主,有 34 条,主要断裂斜切褶皱轴向发育,平面上呈"X"形态展布,见松藻矿区羊叉滩井田构造略图(图 2-12)。分析区域构造切割关系,发现北西向组断层(F_2逆断层、F_3正断层、F_4正断层、F_5逆断层,F_6、F_7、F_8逆断层等)切割了该向斜构造,表明在水平方向最大主应力近北西向,见表 2-7。

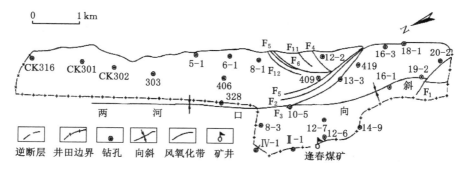

图 2-12　松藻矿区羊叉滩井田构造略图

表 2-7　矿区主要断层统计表

断层编号	断层性质	起止位置	产状			落差/m	出露形式	破坏程度
			走向	倾向	倾角/(°)			
F_1	逆断层	6-1 钻孔	NE55°	NW	74	5～8	隐伏式	未切煤
F_2	逆断层	328 钻孔	NE25°	NW	63	3～4	隐伏式	切煤
F_3	正断层	9-1 钻孔	NE15°	NW	78	15	隐伏式	切煤
F_4	正断层	10-1 钻孔	NE45°	NW	77	15	隐伏式	切煤
F_5	逆断层	10-2 钻孔	NE45°	NW	77	35～40	隐伏式	切煤
F_6	逆断层	10-2 钻孔	NE45°	NW	83	3	隐伏式	切煤

表 2-7（续）

断层编号	断层性质	起止位置	产状			落差/m	出露形式	破坏程度
			走向	倾向	倾角/(°)			
F_7	逆断层	10-2 钻孔	NE45°	NW	83	7	隐伏式	切煤
F_8	逆断层	408 钻孔	NE45°	NW	80	20	隐伏式	切煤
F_9	逆断层	月亮堡附近	NE25°	NW	80	32	暴露式	切煤

矿区的地应力场类型包括构造应力场和重力应力场，与周边运动地块的运动趋势有关。若矿区处于某一运动地块运动方向的正前方，则其地应力场型多为构造应力场型；矿区处于某一运动地块运动方向的正后方，其地应力场多呈现重力应力场型[191]。从宏观上分析矿区所处的布格重力异常图，可以看出矿区大范围处于 2 个大断裂带之间，展布方向都为 NE 向，该区的重力异常显示重庆地区高，周围低，结合断裂构造，其有向北运动趋势。因此，矿区所属区域为构造应力场型，最大水平应力为北西向。与根据构造特征推断结果基本一致。因构造类型较多，故构造应力值大，见贵州省 1：20 万区域重力异常及推测的区域性断裂分布示意（图 2-13）[192]，图 2-14 为川滇及邻近地区布格重力异常图。

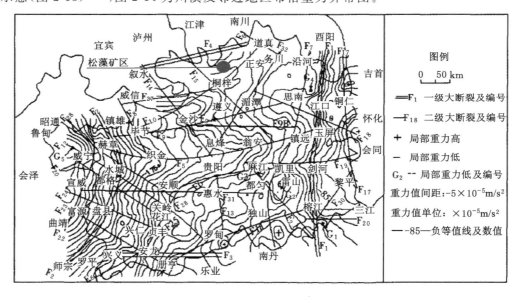

图 2-13　贵州省 1：20 万区域重力异常及推测的区域性断裂分布示意

F_4 为一级断裂带，大致经过位置为道真—四川（叙永），线性异常梯级带，展布方向为 NE 向；F_{10} 为二级断裂带，大致经过位置为毕节—桐梓—道真，重力异常低值带，展布方向为 NE 向。

（二）矿区地应力场

由布格重力异常分析和矿区的地质地形图及声发射地应力测试结果可知，本矿区地应力场属于构造应力场型。对于构造应力场型，测点在水平方向所受的力，可以分解为水平构造应力与自重应力所引起的侧压力之和，在铅垂方向所受的力为自重应力与垂向构造应力之和。因此，各测点水平、垂向构造应力值可通过式（2-13）和式（2-14）计算：

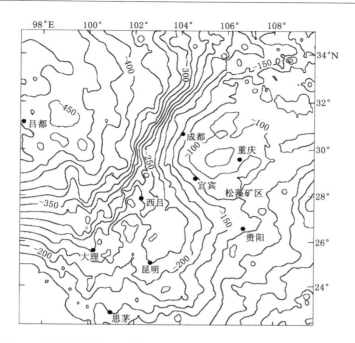

图 2-14　川滇及邻近地区布格重力异常图(等值线单位为 10^{-5} m/s²)

$$\sigma_{\mathrm{T}} = \sigma_{\mathrm{H}} - \lambda\gamma h \tag{2-13}$$

$$\sigma_{\mathrm{V}} = \sigma_{垂向测点} - \gamma h \tag{2-14}$$

式中　σ_{T} ——水平构造应力值,MPa;

　　　σ_{V} ——垂向构造应力值,MPa;

　　　σ_{H} ——水平方向最大主应力,MPa;

　　　$\sigma_{垂向测点}$ ——铅垂方向测点应力值,MPa;

　　　λ ——侧应力系数,$\lambda = \dfrac{\mu}{1-\mu}$,$\mu$ 为泊松比,取 0.36,则 $\lambda = 0.56$;

　　　γ ——计算埋深处上覆岩体平均重度,MN/m³,取 0.025 MN/m³。

　　由测点处的埋深、水平最大主应力值、铅垂方向应力值等计算出各测点的最大水平构造应力值,垂向方向的构造应力值,各测点构造应力值见表 2-8。平均水平构造应力值为 13.79 MPa,垂向构造应力均值为 2.52 MPa,说明矿区的水平构造应力较大。

　　由式(2-15):

$$\begin{cases} \sigma_{\mathrm{v}} = \gamma h + \sigma_{\mathrm{V}} \\ \sigma_{\mathrm{H}} = \sigma_1 = \lambda\sigma_{\mathrm{v}} + \sigma_{\mathrm{T}} = \dfrac{\mu}{1-\mu}\sigma_{\mathrm{v}} + \sigma_{\mathrm{T}} \\ \sigma_{\mathrm{h}} = \lambda\sigma_{\mathrm{v}} + \lambda\sigma_{\mathrm{T}} = \lambda(\gamma h + \sigma_{\mathrm{v}} + \sigma_{\mathrm{T}}) \end{cases} \tag{2-15}$$

式中　σ_{H} ——水平方向最大主应力,MPa;

　　　σ_{h} ——水平方向最小主应力,MPa;

　　　σ_{T} ——水平构造应力值,MPa;

　　　σ_{V} ——垂向构造应力值,MPa。

表 2-8　各测点构造应力值

样号	埋深/m	水平最大应力值/MPa	埋深应力值/MPa	自重应力引起侧向应力值/MPa	水平构造应力值/MPa	水平构造应力均值/MPa	垂向应力/MPa	垂向构造应力值/MPa	垂向构造应力均值/MPa
AE1	574.0	22.44	14.35	8.04	14.40		16.59	2.24	
AE2	576.4	21.73	14.41	8.07	13.66		17.33	2.92	
AE3	597.3	22.19	14.93	8.36	13.83		17.51	2.58	
AE4	587.0	22.09	14.68	8.22	13.87		16.84	2.17	
AE5	600.3	21.96	15.01	8.40	13.56	13.79	16.46	1.45	2.52
AE6	552.2	21.48	13.81	7.73	13.75		17.13	3.33	
AE7	592.7	21.64	14.82	8.30	13.34		16.77	1.95	
AE8	561.0	22.56	14.03	7.85	14.71		17.39	3.37	
AE9	582.6	21.12	14.57	8.16	12.96		17.23	2.67	

可得到逢春煤矿 380S 大巷中地应力值随深度变化的表达式：

$$\begin{cases} \sigma_v = 0.002\,5h + 2.52 \\ \sigma_H = 0.014h + 15.21 \\ \sigma_h = 0.014h + 9.17 \end{cases} \quad (2\text{-}16)$$

令 $\sigma_H = \sigma_h$，得 $h = 1\,153$ m，即为垂直主应力近似等于最大水平主应力的临界深度，小于这个深度采区地应力呈现构造应力场型，垂向主应力小于最大水平主应力；大于这个深度采区地应力场呈现自重应力场型，垂向主应力大于最大水平主应力。

对于一个矿区来说，要了解整个工程区域的地应力分布规律，就必须进行足够数量的"点"的地应力测量，但完全靠应力实测将是成本极高而不现实的。更何况，目前的地应力实测方法，理论上都只能测量较硬岩层中的应力值。煤层和软岩层中的地应力测量困难，而煤巷和软岩巷道围岩控制问题恰恰是矿山工程难点所在。因此，本研究提出了一种利用少量地应力实测成果，计算不同岩层中地应力值的方法。可用此方法计算煤岩层中的地应力值，作为工程设计的参考。

逢春煤矿 M6-3 煤层顶底板泥岩的泊松比 μ 取 0.23，γ 为上覆岩体平均重度，取值为 0.025 MN/m³。380S 大巷布置在茅口灰岩中，距上部 M6-3 煤层约 71.45 m。可以近似认为该上覆岩层水平构造应力 σ_T，垂向构造应力 σ_V 是相同的。因此，可得 M6-3 煤层中三维地应力随深度变化的表达式：

$$\begin{cases} \sigma_{v2} = 0.002\,5h + 2.52 \\ \sigma_H = 0.007\,47h + 14.54 \\ \sigma_h = 0.007\,47h + 4.87 \end{cases} \quad (2\text{-}17)$$

由此，可以获得 M6-3 煤层在不同埋深处的三向应力值。

第三章　煤层钻孔水力压裂裂缝扩展规律研究

　　地层中的天然煤岩体通常受地应力的作用,处于三向受压状态,在煤层中进行水力压裂作业时,高压水通过钻孔壁压裂煤体,形成初始裂缝后,在持续水压力作用下,裂缝扩展延伸。在此过程中,煤体内部结构受高压水压力产生破坏;在裂缝延伸过程中水压裂缝遇到天然裂缝后,在一定条件下其最终的延伸方向将会发生变化;水压裂缝形态及扩展规律和方向受地应力影响较大。因此,本章重点研究地应力作用下水压裂缝扩展形态及水压裂缝与天然裂缝关系,并建立煤层水力压裂的裂缝扩展模型,为煤层水力压裂施工作业和钻孔抽采瓦斯提供参考。水力压裂作为一种应用广泛的现代工程技术,在石油开采、煤层注水、防治冲击地压、地应力测量、水库诱发地震研究、水坝及边坡失稳控制、地热开发等众多领域具有十分广阔的应用前景。常见的煤层增透技术主要有水力压裂、水力割缝、高压水射流及深孔爆破技术等,水力压裂技术以其增透效果好、增透范围大而在煤矿生产中被广泛应用。水力压裂对煤层的破坏作用较为复杂,导致压裂过后煤层的变化及瓦斯运移规律也相当复杂。对于该问题的相关研究,比较常见的有水驱气理论,认为高压水进入了煤层之中,压裂孔周围的孔隙压力急剧升高,由于压力梯度的影响,压裂孔周边原先赋存在煤层之中的瓦斯气体向低孔隙压力区域转移。煤层渗透率是制约瓦斯抽采和煤层气开发利用的关键因素。而我国绝大部分煤层的渗透率较低,如何提高煤层的透气性是瓦斯防治中亟待解决的关键问题,也是煤层气开发利用研究的重点。

　　近年来,水力压裂作为一种大范围的增透措施被广泛使用在煤层增透领域,并取得了一定效果。然而,传统的长钻孔压裂存在着自身的不足:① 研究发现,长钻孔压裂时,裂纹在延展过程中,要经过钻孔所导致的应力集中区域,应力集中限制了裂纹的扩展,使压裂后所形成的裂纹沟通煤层自身裂纹的范围有限;② 长钻孔压裂时,一旦裂纹沿某一弱面开始延展以后,其余方向上的裂纹往往不再扩展,也就是说,即使压裂段很长,所形成的大裂纹的量并不一定多。实践证明,有些煤层水力压裂效果好,达到了预期的目的,而有些煤层水力压裂效果差,甚至压裂失败。究其原因,主要是对水力压裂的机理研究不够,即对水力压裂过程中裂纹扩展的规律以及压裂液与岩体间相互耦合作用的机理研究不够,故在水力压裂过程中易于出现参数选择不当的情况,未能采取相应的技术措施,致使水力压裂效果无法得到保证。

第一节　煤层水力压裂破裂准则

　　煤岩体在水力压裂过程中,高压水作用于煤体使其产生破裂形成裂缝,用于计算煤岩体的破裂准则较多,而适用于水力压裂的破裂准则主要有拉伸破坏准则和剪切破坏准则。

一、拉伸破坏准则

目前拉伸破坏准则是裂缝起裂准则中应用较为广泛的准则,该准则认为裂缝起裂压力和起裂角取决于主应力分布状态[193]。水力压裂破裂前的孔周应力主要包括原岩地应力场、孔内流体压力和钻孔的集中应力。假设煤岩体为均质各向同性弹性体,无渗透性,以压应力为正,则孔壁处的径向应力和切向应力[194]可表示为:

$$\sigma_r = p \tag{3-1}$$

$$\sigma_\theta = (\sigma_H + \sigma_h) - 2(\sigma_H - \sigma_h)\cos 2\theta - p \tag{3-2}$$

式中 σ_r,σ_θ——孔壁处径向应力和切向应力;

σ_H,σ_h——最大、最小水平地应力;

p——孔内水压力;

θ——最大水平地应力方向沿着逆时针方向绕过的角度。

当 $\theta = 0$、π 时,孔壁切向应力 σ_θ 取得最小值:

$$\sigma_\theta = 3\sigma_H - \sigma_h - p \tag{3-3}$$

随着注入孔内的水压力 p 的不断增大,σ_θ 最小值将归零或变为负值即拉应力。煤为弹塑性材料,抗拉强度低,因此,孔壁处可能发生的破坏形式主要为 σ_θ 引起的拉伸破坏。由最大拉应力理论,孔壁破裂压力为:

$$p_b = 3\sigma_H - \sigma_h + \sigma_t \tag{3-4}$$

式中 p_b——孔壁煤岩的拉伸破裂压力,MPa;

σ_t——煤岩的单轴抗拉强度,MPa。

由此可以看出,拉伸破坏准则是在切向主应力占优势的情况下煤体发生的破坏,但在煤矿井下水力压裂现场,煤层可能是在多种应力共同作用下产生破裂的,因而,最大拉应力理论应用于水力压裂破裂准则还有待进一步补充、完善[195]。

二、剪切破坏准则

拉伸破坏准则仅考虑了孔壁处切向主应力 σ_θ 的作用,忽略了垂向主应力 σ_v 和径向主应力 σ_r 的影响。在实际的地层条件下,孔壁煤岩也可能会发生三向压缩状态下的剪切破坏,其常用的剪切破坏准则为莫尔-库仑准则。该准则认为材料破坏形态及破坏面上剪应力大小取决于该面上的法向应力。在受压区,材料属于正应力情况下的剪切破坏形态,即压剪破坏,破坏剪应力与该面法向应力呈正比关系;在受拉区,材料表现为拉坏或拉剪破坏,拉应力的绝对值越大,剪切破坏应力越小,两者为反比关系[196]。该准则表达式为:

$$\tau = C + \sigma_n \tan \varphi$$

$$\tau = \frac{\sigma_1 - \sigma_3}{2}\sin 2\alpha$$

$$\sigma_n = \frac{\sigma_1 + \sigma_3}{2} + \frac{\sigma_1 - \sigma_3}{2}\cos 2\alpha$$

$$\alpha = 45° + \frac{\varphi}{2} \tag{3-5}$$

式中 τ,σ_n——剪切破裂面上的剪应力和法向应力;

α——剪切破裂面法向与最大主应力 σ_1 方向的夹角;

φ,C——煤岩内摩擦角和黏聚力。

原始地应力和煤岩的力学特性在水力压裂裂缝扩展过程中起着十分重要的作用,决定着煤体发生拉伸破裂还是剪切破裂。水压裂缝的扩展方位取决于三向主应力的方位和相对大小,假设煤体为各向同性体,钻孔孔壁在三向不等压的作用下可能会产生高应力剪切作用引起的孔壁裂纹,在随后压力水进入剪切破裂面促使裂缝张开扩展过程中,煤岩的抗张强度是其主要因素,此时拉伸破坏模式可能占绝对优势,并根据能量最低原理选择裂缝的扩展路径。同时,压力水在裂缝流动扩展过程中,由于裂缝面的凹凸不平及三向应力差的存在会造成剪切破坏形成剪切裂缝面,然后压力水在此裂缝面开始拉伸破坏,裂缝以剪切-拉伸或拉伸-剪切的过程反复扩展延伸。不管哪种情形的剪切破裂面,在其扩展延伸过程中都将使裂缝发生转向而最终正交于最小主应力方向。因此,可以认为一旦剪切破裂面上法向应力等于零,裂缝即开始张性扩展。由以上分析可知,在煤岩钻孔水力压裂实施过程中,可能有 3 种破裂模式,即剪切破裂、拉伸破裂以及剪切拉伸复合破裂。

在水力压裂过程中煤层发生何种破裂模式,取决于煤层埋深和地应力情况,一般情况下,三向主应力差值较大时,剪切破裂的可能性增大,但压裂的目的在于形成大的张开缝,因而,裂缝扩展仍将以拉伸破裂为主要破裂模式。

第二节　水压裂缝形态与地应力

煤层水压裂缝形态是指煤层在水力压裂作用下所产生裂缝的空间几何形状,主要由煤岩性质和地层条件决定,包括煤体强度(抗压、抗拉强度)、煤体变形性质(弹性模量、泊松比等)、煤体渗透性质和原地应力大小等。其中煤层地应力是决定水压裂缝形态的关键因素,煤层所受地应力的大小和方向是压裂设计的重要参数,不仅控制着裂缝扩展的方位、倾角、高度等,还影响压裂过程中泵注压力的大小。因此,地应力的计算与确定是水力压裂设计施工的前提条件之一。

一、水压裂缝形态与地应力

地层中的地质单元通常处于三向应力状态,即上覆岩层自重产生的垂向主应力和水平方向两个主应力,一般由构造应力与垂向应力分量叠加产生,两个水平主应力一般不相等。根据断裂力学理论,材料破裂时裂缝总是垂直于最小主应力,因而,水力压裂裂缝形态受三向主应力的大小控制。在煤层进行水力压裂过程中出现何种类型的裂缝,通常取决于地应力中垂向主应力 σ_z 与最小水平主应力 σ_h 的相对大小,σ_H 为最大水平主应力。主要有两种方向的主裂缝形态,如图 3-1 所示。

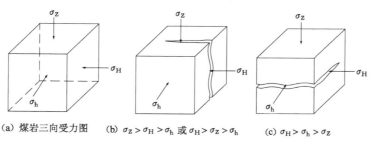

（a）煤岩三向受力图　　（b）$\sigma_z > \sigma_H > \sigma_h$ 或 $\sigma_H > \sigma_z > \sigma_h$　　（c）$\sigma_H > \sigma_h > \sigma_z$

图 3-1　煤岩三向受力及裂缝形态

当 $\sigma_z > \sigma_H > \sigma_h$ 或 $\sigma_H > \sigma_z > \sigma_h$ 时,水力压裂产生的垂直于 σ_h 的张性裂缝面为垂直缝;

当 $\sigma_H > \sigma_h > \sigma_Z$ 时,水力压裂产生的垂直于 σ_Z 的张性裂缝面为水平缝。

由此可见,地层产生垂直缝与水平缝的识别方法可简单归结为判定垂向主应力与最小水平主应力的大小。此外,还有其他复杂的裂缝形态,如"工"字形缝,"T"形缝等,这样的裂缝形态也是在地应力作用下,由煤层与顶底板胶结面的性质等因素造成的。

二、水压裂缝形态判断

根据地层所受的地应力条件,可以初步判定水压裂缝的基本形态,即裂缝为水平缝还是垂直缝,下面就水压裂缝形态进行判断。一般情况下未采动地层中的煤岩体处于三向压应力状态,作用在地下煤体单元上的应力近似为垂向主应力 σ_Z 和最大、最小水平主应力 σ_H、σ_h,其三个方向主应力的计算是水压裂缝形态判断的依据,也是水力压裂施工设计的重要内容。在地应力资料不够齐全,最大、最小水平主应力不太清楚的情况下,可以通过地应力的估算对水压裂缝形态是垂直裂缝或水平裂缝进行模糊判断。垂向主应力 σ_Z 由上覆岩层重力引起,即上覆岩层各层段岩层的重力总和,设作用方向垂直向下,垂向应力为:

$$\sigma_Z = \gamma H \tag{3-6}$$

式中 γ ——上覆岩层平均重度,kN/m^3;

   H ——地层深度,m。

根据苏联学者金尼克对地应力的研究,认为侧向应力(水平应力)是泊松效应的结果,由弹性力学理论:

$$\sigma_x = \sigma_y = \frac{\mu}{1-\mu}\sigma_Z \tag{3-7}$$

式中 σ_x,σ_y ——分别为水平方向 x 向、y 向水平主应力,MPa;

   μ ——煤岩泊松比,无量纲量。

一般情况下,垂向应力主要与埋深有关,随深度增大呈线性增长。水平主应力与垂向主应力存在一定的关系。在构造稳定地区,水平应力一般小于垂向应力,地应力表现为大地静力场型。在构造活动较强烈的地区和盆地的周边地区,水平应力一般大于垂向应力,地应力表现为大地动力场型。

通常认为煤岩层抗压不抗拉,地层在高压水作用下产生破裂,假定以张拉破坏模式为主,则煤层在水压作用下产生张性裂缝。因此,地层产生垂直缝时,即水平方向产生张拉破坏,水平挤聚力 P_h 为水平地应力 σ_h 与煤层水平抗张强度 σ_t^h 之和;地层产生水平缝时,即垂向产生张拉破坏,垂直挤聚力 P_Z 为垂向地应力 σ_Z 与地层垂直抗张强度 σ_t^v 之和[197]。即

$$P_h = \sigma_h + \sigma_t^h = \frac{\mu}{1-\mu}H\gamma + \sigma_t^h \tag{3-8}$$

$$P_Z = \sigma_Z + \sigma_t^v = \gamma H + \sigma_t^v \tag{3-9}$$

水力压裂产生垂直缝还是水平缝的判据,就是比较 P_h 和 P_Z 的大小,$P_h > P_Z$ 产生垂直缝,$P_h < P_Z$ 则产生水平缝。由于岩石泊松比 μ 的范围通常为 $0 \sim 0.5$,即 $\frac{\mu}{1-\mu}$ 的变化范围为 $0 \sim 1$,所以水平挤聚力 P_h 随地层深度的增长率总是低于垂直挤聚力 P_Z。因此,地层越深越容易产生垂直缝。联立式(3-8)和式(3-9),可得水平缝与垂直缝临界深度 Z_c 判别式:

$$Z_c = \frac{(1-\mu)(\sigma_t^h - \sigma_t^v)}{(1-2\mu)}\gamma \tag{3-10}$$

由式(3-10)可以得出,裂缝形态转化主要与煤岩层本身的物理性质有关,受煤岩层水平

与垂直方向力学强度的影响。据此可以判断，$Z_c > 0$ 时，存在临界深度 Z_c，在浅于此深度时，水力压裂煤层将产生水平缝，大于此深度时，煤层将产生垂直缝。根据逢春煤矿地质资料及煤岩性质测试结果，$\gamma = 1.5 \text{ kN/m}^3$，$\mu = 0.30$，$\sigma_t^v \approx 0$，$\sigma_t^h \approx 1.19 \text{ MPa}$，则由式（3-10）得到 $Z_c = 139 \text{ m}$。因此，初步判定逢春煤矿进行水力压裂施工作业时，埋深 139 m 以上区域水压裂缝为水平缝，埋深大于 139 m 以下区域为垂直缝。

此外，当对矿区的地应力情况比较清楚，对最大、最小水平主应力的各个计算参数都充分掌握时，或者根据大量的试验和现场数据，已有计算各个主应力的经验公式时，便可以采取相对比较精确的方法对煤层水压裂缝形态进行判断。

第三节　压裂钻孔憋压模型

煤层进行水力压裂时，在压裂钻孔及封孔完成后，煤层钻孔与压裂筛管封孔段之间会形成稍长于煤层的一段空隙环状柱体，即钻孔孔壁与压裂筛管之间的环状空隙。煤层压裂开始后，随着泵注水的慢慢增多，空隙环状柱体被压力水逐渐充满，随着高压水的持续注入，就形成了憋压[195]，如图 3-2 所示。在压裂过程中，每一个裂缝的起裂与延伸大小也是不同的，因此，在裂缝起裂后，泵压必然出现忽高忽低的情况。在裂缝开启后，液体从静到动，压裂管内液量增多，造成压缩状态，井底压力自动升高，新的水压裂缝同时吸液，井底压力继续升高，新的裂缝开启。受地应力的影响，水压裂缝会形成一条主裂缝，如果主裂缝起裂位置不理想，则裂缝在延伸过程中会发生转向，偏向沿着最大主应力的方向。主裂缝在应力集中区域穿行时，随着裂缝的延伸，缝口总驱动压力增高，同样会造成憋压段压力的增加和其他裂缝的开启，如果此时已经没有可以开启的薄弱点，则压力水会沿着开启的裂缝前进，并使裂缝继续延伸，在整个压裂过程中都伴随着裂缝的开启和闭合。

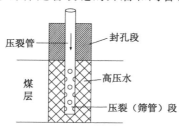

图 3-2　憋压模型

在裂缝延伸的初期，裂缝从孔壁处破裂后，同时存在高度方向、长度方向与宽度方向的扩张，即三维扩张，另外裂缝在横向上逐渐转向最大主应力方向，因而压裂过程中压力升高是一个复杂的过程。在这个过程中，存在流动摩擦阻力与液柱重力产生的压力，在孔壁裂缝开启前孔壁空隙体的液体越来越多，形成憋压，随着压力的上升，当压力达到孔壁弱面的最小破坏强度时，孔壁裂缝起裂，高压水进入。在裂缝的起裂、扩展、延伸过程中，压裂管内也必须憋压才能压开破裂压力更高的裂缝，并补充压力水损失，提供持续水压力，这就需要更多的压裂液，也就是压裂液进多出少的过程。

在煤矿井下进行水力压裂时，压裂孔封孔后压裂管通过高压胶管与压裂水泵连接，为了安全作业，压裂泵与压裂孔相距较远，且钻孔本身内壁粗糙，水泵注水进入压裂管，再到压裂钻孔形成憋压,这一过程高压水能量会有一定损失,从而使孔底压力与泵压并非完全一致。因此,建立泵压与压裂管段孔底压力之间的关系很有必要。

水流在钻孔中流动基本假设[198]:

(1) 水在钻孔中流动是黏性、定常、不可压缩的;

(2) 钻孔壁会有渗水现象,但注入钻孔的水流远大于渗流损失的水量,因此,可忽略渗水造成的水量损失影响;

(3) 钻孔中水流的重力对流场的影响很小,可以忽略其影响。

基于上述假设,根据流体力学理论,对于管流,其雷诺数 Re 定义为:

$$Re = \frac{vd}{v} \tag{3-11}$$

式中　　v——管流的截面平均速度;

d——管径;

v——水流的运动黏性系数。

当雷诺数 Re 低于 2 320 时,流态为层流,黏性圆管层流流动的计算公式为:

$$u = 2v(1 - \frac{r^2}{r_0^2}) \tag{3-12}$$

式中　　u——水流沿钻孔方向的速度;

r——距中心轴的距离;

r_0——钻孔半径。

当雷诺数 Re 大于 2 320 时,流态为紊流,黏性圆管紊流流动的计算公式为:

$$\frac{u}{u^*} = \frac{1}{k}\ln y + c \tag{3-13}$$

式中　　u^*——摩擦速度,与壁面黏性切应力关系为 $\tau_0 = \rho u^2$;

k——卡门常数,$k = 0.4$;

c——积分常数,由试验确定。

沿程阻力损失 h_f 为:

$$h_f = \lambda \frac{l}{d} \frac{v^2}{2g} \tag{3-14}$$

式中　　l,d——管长和管径;

g——重力加速度;

λ——沿程阻力系数,当流态为层流时 $\lambda = \frac{64}{Re}$,当流态为紊流时,沿程阻力系数 λ 与

Re 无关,与管壁相对粗糙度有关,可查流体力学莫迪试验曲线。

压裂管黏性管流的伯努利方程,假设从压裂泵开始的一段为截面 1,压裂筛管封孔处为截面 2,如图 3-3 所示。则

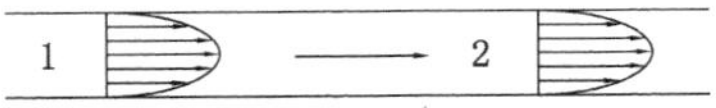

图 3-3　管流断面

$$z_1 + \frac{p_1}{\gamma} + \frac{a_1 v_1^2}{2g} = z_2 + \frac{p_2}{\gamma} + \frac{a_2 v_2^2}{2g} + h_f \tag{3-15}$$

式中　　a ——动能修正系数,在工程中圆管流动中常取 $a=1$,式中 $a_1 = a_2 = 1$;

　　　　z_1 ——截面 1 的单位质量流体重力势能;

　　　　z_2 ——截面 2 的单位质量流体重力势能;

　　　　p_1 ——截面 1 压力;

　　　　v_1 ——截面 1 平均速度;

　　　　p_2 ——截面 2 压力;

　　　　v_2 ——截面 2 平均速度;

　　　　γ ——流体重度。

　　由伯努利方程,可以得出压裂泵从开始注水到形成憋压时压裂管内的能量守恒关系式,认为在形成憋压瞬间,压裂筛管封孔处即截面 2 处的瞬时流速为零。

$$z_1 + \frac{p_1}{\gamma} + \frac{v_1^2}{2g} = z_2 + \frac{p_2}{\gamma} + h_f \tag{3-16}$$

　　由此可以得到压裂筛管憋压段孔底的水压为:

$$p_2 = (z_1 - z_2)\gamma + p_1 + \frac{v_1^2 \gamma}{2g} - h_f \gamma \tag{3-17}$$

　　在煤矿井下水力压裂施工中,为了减少压裂液对煤层的伤害及对压裂管路的封堵,通常采用清水作为压裂液。因此,根据井下的实际情况,穿层压裂钻孔距压裂煤层的高度可以作为式(3-16)的位势能。其中,p_1 为进水口泵压;v_1 为进水口泵的流速;γ 为水的重度。井下压裂胶管连接压裂水泵与压裂筛管,长度大约 100 m,穿层钻孔中的压裂管约 70 m,可算出压裂管路的沿程损失。据此,可计算压裂筛管憋压段的孔底压力。

第四节　水压裂缝与天然裂缝遭遇模型

　　煤层在沉积成岩及地质运动过程中存在了大量的天然裂隙、结构弱面,这些节理、裂隙的存在不但造成煤体整体力学性能的降低,也造成煤体中裂缝扩展的形式复杂多样。在煤层水力压裂过程中水压裂缝容易受天然裂缝的影响,其延伸方向会发生变化;同时水压裂缝与天然裂缝发生交割后形成新的裂缝形态改变了水压裂缝延伸端的应力场奇异性,最终导致水压裂缝延伸净压力的改变。根据已有的研究结果,沉积岩中天然裂缝发育方向多为最大水平主应力的方向,其他方向的天然裂缝发育程度明显降低。通常认为水压裂缝形成的人工裂缝在原岩应力场中的延伸方向为沿着水平主应力最大的方向延伸,与大多数天然裂缝的发育方向一致,因此,与水压裂缝交汇的天然裂缝将会影响水压裂缝的延伸扩展。天然裂缝与水压裂缝由于其附近应力场的差异造成水压裂缝继续延伸或是被阻止延伸,可通过水压裂缝与天然裂缝相互延伸扩展的力学条件进行分析判断。

　　裂缝是煤层瓦斯运移的主要通道,煤层水力压裂的目标之一就是通过高压水压力形成裂缝系统增加煤层的透气性。然而煤层中可能存在着天然裂缝,水压裂缝与天然裂缝相交发生的剪切破坏、错断以及滑移等都会极大地影响水压裂缝的延伸路径。N. R. Warpinski 等[199]研究认为水力裂缝遇到天然裂缝时,天然裂缝易发生剪切破坏。M. M. Hossain 等[200]采用分形理论反演模拟天然裂缝网络,建立了节理、断层发育条件下的裂缝剪切扩展准则,通过理论与试验研究得出了水平主应力差和逼近角是影响水力裂缝的主要因素。张杨等[201]通过裂缝起裂扩展的力学条件,建立了天然裂缝剪切起裂的判断模型。C. E. Renshaw 等[202]建立了逼近角 90°时的水力裂缝穿过天然裂缝的判断准则,研究表明水力裂缝垂直于界面拓展时流体会沿着界面渗透一段距离后突破界面并沿原方向延伸。煤层中水压裂缝扩展的主延伸方向最终是最大主应力的方向,当水压裂缝与一条天然裂缝相遇,是水压裂缝穿过天然裂缝继续延伸,还是水压裂缝被天然裂缝阻止,天然裂缝扩展、延伸,对此问题的研究是判断水压裂缝最终形态的依据。

假设水压裂缝在延伸过程中遇到天然裂缝,逼近角为 θ,即天然裂缝与水平最大主应力的夹角,如图 3-4 所示,σ_1、σ_3 分别为最大水平主应力和最小水平主应力。将天然裂缝简化为二维平面裂缝,裂缝面与 σ_3 方向夹角为 θ,则裂缝面上的法向应力 σ_n、切向应力 τ_n 为:

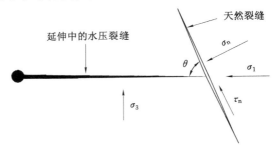

图 3-4　水压裂缝遭遇天然裂缝模型

$$\left.\begin{array}{l} \sigma_n = \dfrac{\sigma_1 + \sigma_3}{2} + \dfrac{\sigma_1 - \sigma_3}{2}\cos 2\theta \\[2mm] \tau_n = \dfrac{\sigma_1 - \sigma_3}{2}\sin 2\theta \end{array}\right\} \tag{3-18}$$

天然裂缝在高压水的作用下,会发生剪切破坏与拉伸破坏,因此,水压裂缝遇天然裂缝,穿过天然裂缝要么是剪切破坏,要么是拉伸破坏。

一、结构面剪切破坏准则

天然裂缝剪切破坏,结构面强度服从库仑剪切准则:

$$\tau = C + \mu_w \sigma_n \tag{3-19}$$

根据库仑剪切破坏强度准则得:

$$\frac{\sigma_1 - \sigma_3}{2}\sin 2\theta = C + \mu_v\left(\frac{\sigma_1 + \sigma_3}{2} + \frac{\sigma_1 - \sigma_3}{2}\cos 2\theta\right) \tag{3-20}$$

则沿结构面产生剪切破坏条件为:

$$\sigma_1 - \sigma_3 = \frac{2(C + \sigma_3 \mu_w)}{(1 - \mu_w \cot \theta)\sin 2\theta} \tag{3-21}$$

式中　μ_w——内摩擦系数,$\mu_w = \tan \varphi$;

φ——内摩擦角,(°)。

由式(3-21)可知,当作用在结构面上的主应力满足该条件时,结构面处于极限平衡状态。若 $\theta = \pi/2$ 或 φ 时,$\sigma_1 - \sigma_3$ 趋于无穷,表明煤岩不会沿结构面破坏,煤岩结构面的破坏方向取决于 σ_1 与 σ_3 的特征。

二、水压裂缝与天然裂缝遭遇模型

在高压水作用下,水压裂缝与天然裂缝遭遇后破坏条件各不相同,分别如下。

（一）天然裂缝剪切破坏条件

$$\sigma_t = C + k_f(\sigma_n - p) \tag{3-22}$$

式中　k_f——天然裂缝面的摩擦系数；

　　　p——裂缝中水压力。

假定变形破坏为线弹性行为，天然裂缝发生剪切破坏，则

$$\sigma_t > C + k_f(\sigma_n - p)$$

即

$$p > \frac{C}{k_f} + \frac{\sigma_1 + \sigma_3}{2} - \frac{\sigma_1 - \sigma_3}{2}\left(\cos 2\theta + \frac{\sin 2\theta}{k_f}\right) \tag{3-23}$$

（二）水压裂缝与天然裂缝张开模型

采用 Blanton 准则[203]和 Potluri 准则的修正方程判断水压裂缝延伸方向。当天然裂缝内的流体压力超过垂直作用在天然裂缝面上的正应力 σ_n，天然裂缝张开，即

$$p > \sigma_n + s_f = \frac{\sigma_1 + \sigma_3}{2} + \frac{\sigma_1 - \sigma_3}{2}\cos 2\theta + s_f \tag{3-24}$$

式中　s_f——裂缝面的抗张强度，MPa，未充填裂缝该值为零。

当水压裂缝穿过天然裂缝继续扩展时：

$$p > \sigma_3 + T_0 \tag{3-25}$$

式中　T_0——煤岩的抗张强度，MPa。

此时，判断天然裂缝与水压裂缝延伸条件，就是比较两者差值与零的关系，即

$$\sigma_3 + T_0 - \sigma_n = 0 \tag{3-26}$$

将式（3-18）代入式（3-26），得：

$$T_0 - (\sigma_1 - \sigma_3)\cos^2\theta = 0 \tag{3-27}$$

若 $T_0 > (\sigma_1 - \sigma_3)\cos^2\theta$，则天然裂缝张开；否则，水压裂缝穿过天然裂缝延伸，如图 3-5 所示。

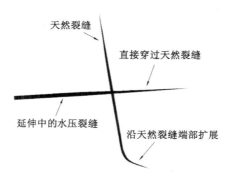

图 3-5　水压裂缝与天然裂缝张开模型

（三）水压裂缝与天然裂缝再延伸模型

水压裂缝穿过天然裂缝一段距离后，水压裂缝与天然裂缝由于裂缝的延伸长度而存在沿程阻力，会存在水压裂缝与天然裂缝交替延伸的情况。此时，水压裂缝与天然裂缝的再延伸模型为：

$$p > \min\{\sigma_n + h_{ft}; \sigma_3 + T_0 + h_{fr}\} \tag{3-28}$$

式中 h_{ft} ——水压裂缝的沿程阻力,与水压裂缝延伸长度有关,MPa;

h_{fr} ——天然裂缝扩展延伸的沿程阻力,与天然裂缝延伸长度有关,MPa。

当水压裂缝穿过天然裂缝继续延伸一段距离后,水压裂缝沿程摩擦阻力的增加造成裂缝内水压力的减小。此时,水压裂缝与天然裂缝交汇处,天然裂缝充满压力水,如果天然裂缝张开压力小于水压裂缝持续延伸的压力,则天然裂缝会张开、扩展,水压裂缝因沿程阻力加大而暂时止裂;待到天然裂缝延伸阻力大于水压裂缝时,天然裂缝的扩展延伸将停滞,水压裂缝将继续延伸,如图 3-6 所示。如此交替便造成水压主裂缝与分支裂缝的不断扩展、延伸,这样就形成了水压主裂缝及周围的分支裂缝,甚至多级分支裂缝,最终共同构成了主裂缝交叉分支裂缝的裂缝网络,如图 3-7 所示。

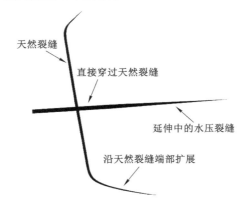

图 3-6 水压裂缝与天然裂缝再延伸模型

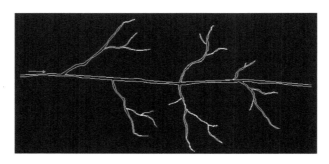

图 3-7 裂缝交叉网络

第五节 水力压裂垂直裂缝扩展模型

水压裂缝在煤层中的扩展形态、延伸模型是水力压裂设计中的一个核心问题,利用裂缝的延伸模型可以求出在既定的排量、水压下,经过若干时间后裂缝的延伸形态,即裂缝的长、宽、高等参数。水力压裂作用下的裂缝空间几何形状,主要由地层应力分布和煤岩体及顶底板等客观条件所决定。压裂施工作用参数可在一定程度上改变裂缝形状,但在地应力作用下,水压裂缝的最终形态趋于固定。在实际煤层埋深的条件下,压裂裂缝基本呈变缝高形式,根据水压裂缝临界判别公式,随着煤层埋深的增加,产生垂直裂缝形态比较多。因此,本节重点研究煤层垂直裂缝的扩展形态。

　　大量现场施工测试及室内试验研究表明,在水压施工过程中,裂缝不但随着水压扩展长度、宽度,其高度也在不断增加,在缝口尤其明显。压裂结束后,缝口的高度往往大于煤层厚度,特别是在煤层与顶底板应力差别不大时,缝口高度变化更大。因此,本书选取国内外较多采用的水压裂缝拟三维裂缝扩展模型来研究煤层压裂的裂缝形态[204],如图 3-8 所示。

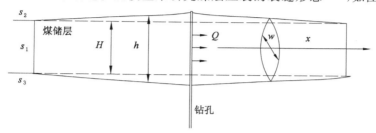

图 3-8　煤层压裂几何形态纵向剖面示意

　　针对实际地层情况复杂多变,难以准确描述的特点,为满足建模要求又不会对实际情况造成过大偏差,提出以下假设:

　　(1)煤层、顶板、底板地应力相差不大;

　　(2)煤层、顶板、底板都为均质连续弹性体,各层弹性模量、泊松比、断裂韧性等力学性质不同,裂缝在垂直平面内符合平面应变条件;

　　(3)压裂液不可压缩,注入排量恒定,缝高方向压力分布均匀,缝内流动为层流,压裂液沿缝长方向作一维流动;

　　(4)裂缝为垂直缝,垂直剖面始终为椭圆形,裂缝的长高比较大(一般≥4),即裂缝为狭长缝。

一、缝中流体的连续性方程,即质量守恒方程

　　首先,注入的压裂液满足质量守恒,假设压裂液为不可压缩流体,则注入裂缝中的压裂液,一部分用于扩展、充填裂缝,另一部分则滤失于地层,有如下关系:

$$qt = V_f(t) + V_L(t) \tag{3-29}$$

式中　　q ——注入排量,$\mathrm{m^3/min}$;

　　　　t ——注液时间,min;

　　　　$V_f(t)$ ——注液时间 t 时裂缝的总体积,$\mathrm{m^3}$;

　　　　$V_L(t)$ ——注液时间 t 时裂缝的总滤失体积,$\mathrm{m^3}$。

　　其次,裂缝中流体流动的连续性方程,注入裂缝内的流体量等于裂缝体积变化量和滤失量之和,即

$$-\frac{\mathrm{d}q(x,t)}{\mathrm{d}x} = q_L(x,t) + \frac{\mathrm{d}A(x,t)}{\mathrm{d}t} \tag{3-30}$$

式中　　$q(x,t)$ ——t 时刻流过 x 位置点裂缝横截面的体积流量,$\mathrm{m^3/min}$;

　　　　t ——当前注液时间,min;

　　　　$A(x,t)$ ——t 时刻 x 位置点裂缝的横截面积,$\mathrm{m^2}$。

　　其中

$$A(x,t) = \int_{-h(x,j)/2}^{h(x,j)/2} W(x,z,t)\mathrm{d}z \tag{3-31}$$

$q_L(x,t)$ 为 t 时刻 x 位置点单位裂缝长度滤失到地层的体积流量,m^3/min,采用 Penny 裂缝模型,有

$$q_L(x,t) = \frac{2H_m C(x,t)}{\sqrt{t-\tau(x)}} \tag{3-32}$$

式中　　H_m ——裂缝高度,存在滤失时假定滤失高度为煤层厚度,m;

　　　　$C(x,t)$ ——t 时刻缝内 x 位置处压裂液综合滤失系数,$m/min^{1/2}$;

　　　　$\tau(x)$ ——t 时刻压裂液到达缝内 x 处所需的时间,min。

二、缝中流体的压降方程

煤层压裂裂缝垂直剖面是与椭圆接近的一种形状,假定其为椭圆形。对于不可压缩幂律型压裂液沿缝长方向作稳定的一维流动,结合泊肃叶理论和兰姆、Nolte 的研究成果[205],根据平行板缝中流体流动的压降方程,引入管道形状因子 $\Phi(n)$,确定出三维裂缝中沿缝长方向某一位置处的压力方程[206]为:

$$\frac{\partial p(x,t)}{\partial x} = -2^{n+1} \left[\frac{(2n+1)q(x,t)}{n\Phi(n)h(x,t)} \right]^n \frac{K}{W(x,o,t)^{2n+1}} \tag{3-33}$$

其中管道形状因子 $\Phi(n)$ 的形式:

$$\Phi(n) = \int_{-0.5}^{0.5} \left[\frac{w(x,z,t)}{w(x,o,t)} \right]^m d\left(\frac{z}{h(x,t)} \right), m = \frac{2n+1}{n} \tag{3-34}$$

式中　　$p(x,t)$ ——t 时刻 x 位置处裂缝内压力,Pa;

　　　　$q(x,t)$ ——t 时刻 x 位置处缝内流量,m^3/s;

　　　　$h(x,t)$ ——t 时刻 x 位置处的裂缝缝高,m;

　　　　n ——幂律型压裂液的流态指数,无因次;

　　　　K ——幂律型压裂液的稠度系数,$Pa \cdot s^n$;

　　　　$w(x,o,t)$ ——t 时刻 x 位置处裂缝横截面上最大缝宽,m;

　　　　$w(x,z,t)$ ——t 时刻 x 位置处裂缝横截面上 z 处的缝宽,m。

活性水压裂液属于牛顿型流体,$n=1$,$K=\upsilon$(υ 为压裂液的黏度系数),压降方程为:

$$\frac{\partial p(x,t)}{\partial x} = -\frac{12\upsilon q(x,t)}{\Phi(1)h(x,t)w(x,o,t)^3} \tag{3-35}$$

假定裂缝垂直剖面为椭圆,那么,$\Phi(1) = \frac{3\pi}{16}$,则:

$$\frac{\partial p(x,t)}{\partial x} = -\frac{64\upsilon q(x,t)}{\pi h(x,t)w(x,o,t)^3} \tag{3-36}$$

式中　　υ ——牛顿型压裂液黏度,$Pa \cdot s$。

三、裂缝宽度方程

对于狭长裂缝,当用垂直剖面把裂缝沿长度方向分成若干小段时,每一垂直剖面可看成是平面应变问题中的一条线裂纹,这些线裂纹彼此独立,不受邻近截面的影响。对于煤层与顶底板关系,其地应力相差较小,近似认为相等。裂缝中任意位置处垂直横剖面上裂纹的形状都关于煤层中心对称。裂缝宽度的求解是通过 England-Green 公式计算得到的,它描述的是在平面应变条件下,裂缝内任意分布的作用在缝壁面的正应力与缝宽的关系式。

缝宽计算 England-Green 公式如下:

$$W(x,z,t) = -16 \frac{1-v(z)^2}{E(z)} \int_{|z|}^{l} \frac{F(\tau)+zG(\tau)}{\sqrt{\tau^2-z^2}} d\tau \tag{3-37}$$

式中 $W(x,z,t)$ ——t 时刻 z 位置处裂缝缝宽大小（z 方向为缝高方向）；

$\quad\quad\quad v(z)$ ——z 位置处岩石泊松比；

$\quad\quad\quad E(z)$ ——z 位置处岩石弹性模量；

$\quad\quad\quad \tau$ ——沿缝高方向的位置变量。

其中

$$F(\tau) = -\frac{\tau}{2\pi}\int_0^\tau \frac{f(z)}{\sqrt{\tau^2 - z^2}}\mathrm{d}z \tag{3-38}$$

$$G(\tau) = -\frac{1}{2\pi\tau}\int_0^\tau \frac{zg(z)}{\sqrt{\tau^2 - z^2}}\mathrm{d}z \tag{3-39}$$

式中 $\quad f(z),g(z)$ ——裂缝壁面上的偶分布应力函数和奇分布应力函数,两者之和表示净压力。

四、裂缝高度方程

裂缝高度方程的理论依据为最大拉应力理论[207]。该理论认为,裂缝的初始扩展方向将是周向正应力的最大值方向;其裂缝的扩展是沿这个方向的最大周向应力达到临界值而产生的。根据断裂力学的分析,只有当裂缝顶端的应力强度因子 K_1 值达到某临界值 K_{IC} 时,裂缝将向前延伸。缝高剖面如图 3-9 所示。由线弹性断裂力学理论,裂缝垂直剖面上的上、下两端的应力强度因子可以表示为:

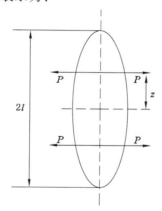

图 3-9 缝高剖面

$$K_{12} = \frac{1}{\sqrt{\pi l}}\int_{-l}^{l} p(z)\sqrt{\frac{l+z}{l-z}}\mathrm{d}z \tag{3-40}$$

$$K_{13} = -\frac{1}{\sqrt{\pi l}}\int_{-l}^{l} p(z)\sqrt{\frac{l+z}{l-z}}\mathrm{d}z \tag{3-41}$$

式中 $\quad K_{12},K_{13}$ ——裂缝缝高方向开裂与结合处应力强度因子,$\mathrm{Pa}\cdot\sqrt{\mathrm{m}}$;

$\quad\quad\quad P(z)$ ——裂缝或裂纹内净压力,Pa;

$\quad\quad\quad l$ ——裂缝或裂纹半缝长,m。

令 $K_{12} = K_{\mathrm{IC2}}$,$K_{13} = K_{\mathrm{IC3}}$ 可得裂缝高度控制方程,即

$$\sqrt{\pi l}K_{\mathrm{IC2}} = (S_3 - S_1)\left(\sqrt{l^2 - z_b^2} - l\arcsin\frac{z_p}{l}\right) -$$

$$(S_2 - S_1)\left(\sqrt{l^2 - z_a} - l\arcsin\frac{z_a}{l}\right) + \pi l\left(P_f - \frac{S_2 + S_3}{2}\right)$$

及

$$-\sqrt{\pi l}K_{IC3} = (S_3 - S_1)\left(\sqrt{l^2 - z_b^2} + l\arcsin\frac{z_p}{l}\right) -$$

$$(S_2 - S_1)\left(\sqrt{l^2 - z_a} + l\arcsin\frac{z_a}{l}\right) - \pi l\left(P_f - \frac{S_2 + S_3}{2}\right)$$

式中　　K_{IC2}, K_{IC3}——盖层、底层的断裂韧性，$Pa \cdot \sqrt{m}$；

S_1——产层最小水平主应力，Pa；

S_2, S_3——盖层、底层最小水平主应力，Pa；

z_a, z_b——以裂缝高度中点为坐标原点时产层与盖层分界面、产层与底层分界面坐标，m。

五、模型计算方法

模型裂缝的几何尺寸，可按下列步骤迭代求解。

（1）假定一个缝内 $q(x)$ 的分布函数（$Q = 2q_0$），取

$$q(x) = q_0(1 - x/L) \tag{3-42}$$

（2）缝长的延伸

缝长的延伸与时间的函数关系，一般用式（3-43）表示：

$$x(t) = a_2 t^{b_2} \tag{3-43}$$

a_2, b_2 可以通过回归处理得到，这样给出一个时间 t，即有一个缝长与之对应。

（3）计算裂缝体积变化率 $\dfrac{dV_i}{dt}$ 及 $\dfrac{dL}{dt}$

① 设一个缝长为 L_1，分成 n 个单元长度。由式（3-42）给出 $q(x)$ 的初值，然后用龙格-库塔法求解式（3-36）得到各点的缝高 $H(x)$，进而用式（3-37）、式（3-32）得到相应点最大缝宽 $W_0(x)$ 及缝内压力 $p(x)$，最后可算出各单元的体积。对于 $x_i - x_{i-1}$ 单元：

$$V_i = \frac{\pi}{4}(x_{i+1} - x_i)\overline{W_{oi}}\,\overline{h_i} \tag{3-44}$$

式中　　$\overline{W_{oi}}$——该单元平均最大缝宽；

$\overline{h_i}$——该单元平均最大缝高。

利用式（3-43），计算出缝长 L_1 所需的时间 t_1，缝长 L_1 的总滤失量 V_{L_1}：

$$V_{L_1} = V_{L_1}^* + V_{sp} = 4HCb_2 L_1\sqrt{t_1}\,f(1) + 2S_p H L_1 \tag{3-45}$$

$$f(1) = \int_0^1 Y^{b_2-1}\sqrt{1-Y}\,dY \tag{3-46}$$

第 i 段的总滤失量 V_{il} 为：

$$V_{il} = V_{l,i+1} - V_{l,i} \tag{3-47}$$

式中　　$V_{l,i+1}$——缝长为 x_{i+1} 时的总滤失量；

$V_{l,i}$——缝长为 x_i 时的总滤失量。

如此就可以求出各段的总滤失量。此时总注入体积为：

$$V = \sum_{i=1}^{n-1}(V_i + V_{l,i}) \tag{3-48}$$

总施工时间为：

$$t_T = \frac{V}{q_0} \tag{3-49}$$

② 再设一个缝长 $L+dL(dL=L/n)$，分成 $n+1$ 个单元，重复上述各步骤，同样得出总注入体积 V'。

总注入时间为：

$$t_T' = \frac{V'}{q_0} \tag{3-50}$$

③ 根据①和②可算出缝长随时间的变化率 dL/dt

裂缝从 L 延伸到 $L+dL$ 所需要的时间为 dt

$$dt = t_T' - t_T \tag{3-51}$$

在 dt 时间内，各单元体积变化量为 dV_i：

$$dV_i = V_i' - V_i \tag{3-52}$$

在 dt 时间内，各单元面积变化量为 dA_i

$$\begin{cases} dA_i = \dfrac{dV_i}{\Delta x_i} \\ \Delta x_i = x_{i+1} - x_i \end{cases} \tag{3-53}$$

④ 利用从③得到的 dL/dt，求出缝长随时间的变化值，重复②、③得到许多缝长与时间的数值。用回归的方法得到 $x'(t) = a_2' t^{b_2}$ 的关系式，与式(3-43)先前设定的比较，如二者不一致，则重新设定一个 $x(t) = a_2 t^{b_2}$ 关系式，重复①、②、③，直到两个关系式吻合为止。

⑤ 求缝中流量 $q(x)$，利用式(3-32)得到各处缝内流量 $q'(x)$。将此值与以前设定的 $q(x) = q_0(1-x/L)$ 拟合，不一致重设 $q(x)$，并重新重复上述步骤的计算，直到吻合为止。

至此得到了一个缝长为 L 的裂缝几何尺寸的值。

第六节　水压裂缝控制技术

水压裂缝控制技术主要包括两个方面，即裂缝高度和宽度控制技术。

一、缝宽控制技术

缝宽控制技术主要使裂缝在宽度方向上变大，抑制缝长的发展。通常采用的是缝端脱砂压裂，就是在水力压裂过程中，使压裂液中的支撑剂在缝端形成砂堵，阻止裂缝向前延伸；继续注入压裂液，由于缝端被堵塞，就造成水压在裂缝中积聚，使裂缝膨胀变宽，缝内填砂浓度变大，从而人工造出一条具有较宽和较高导流能力的裂缝。实际上在裂缝高度上也应进行砂堵才能使裂缝膨胀变宽，而加砂支撑剂的重力作用很难在裂缝高度上造成砂堵。由于缝端脱砂压裂主要依靠裂缝导流能力的作用，所以通常用于中、高渗透地层或胶结不好的松软地层。

二、缝高控制技术

缝高控制技术是水力压裂中较为困难的一项技术。垂直裂缝在高度上向下或向上延伸中，当煤层很薄或顶底板较软弱时，裂缝在高度上就可能会穿透煤层进入顶底板岩层中。随着压裂的进行，如果缝高过大，就会阻碍裂缝长度方向的延伸，达不到压裂煤层的目的，影响压裂效果。过高的裂缝可能会导致压裂后裂缝完全失效，甚至压穿含水层，引发矿井的突水事故,所以尽量使裂缝高度控制在煤层内是压裂成功的重要因素。

常用的缝高控制技术主要有如下几种。

(1)建立人工隔层控制缝高

地层的物理特性(抗拉强度,断裂韧性等),地层应力差等是裂缝扩展的重要影响因素。裂缝增长主要是沿着薄弱面扩展延伸的,所以采用阻止或限制裂缝延伸的方法,即增加地层的强度,阻碍裂缝的延伸。限制裂缝垂向增长的实质是增加流体向裂缝上下方向延伸的阻力。此种裂缝控制方法,主要是根据地层条件,利用上浮或下沉暂堵剂形成阻隔层对垂向裂缝进行封堵,以达到控制裂缝向上或向下延伸的目的。暂堵剂通过压裂液注入,然后上浮或下沉聚集在新生裂缝的顶部或下部,形成相对密集压实的低渗区的目的。人工隔层形成后,适当提高施工压力,不会导致裂缝向上或向下过分延伸,在处理有些需要控制裂缝向上或向下延伸的地层时,可将上浮暂堵剂与重质下沉暂堵剂一同注入地层,形成上下人工遮挡层以控制裂缝高度的增长。

(2)非支撑剂液体段塞控制缝高

该技术通过注入非支撑剂液体段塞达到控制缝高的目的。非支撑剂液体段塞由载液和封堵颗粒组成,大的颗粒形成桥堵,小颗粒填充大颗粒间的缝隙,形成非渗透性阻隔段,以达到控制裂缝高度增长的目的。

(3)调整压裂液密度控制缝高

该技术根据压力梯度计算压裂液密度。若控制裂缝的垂向延伸就要控制压裂液中垂向压力分布;若要控制裂缝向上延伸,就采用密度较高的压裂液;若控制裂缝向下延伸,应采用密度较低的压裂液。

(4)冷水水力压裂控制缝高

该方法通常用于胶结性较差的地层和采用常规水力压裂技术难以控制裂缝延伸方向的地层。该技术采用冷却地层、降低地层应力的方法将缝高和缝长控制在规定地层范围内。其工艺方法有两种:一种是低压注液,即采用低排量注低温液体预冷地层,保持注入压力要低于破裂压力,使被冷却区域以相对井筒或压裂钻孔呈圆柱体的形状发展;当预冷地层的范围和应力条件达到预期要求时,提高排量,注入含高浓度降滤剂的冷水压裂液,压开裂缝,使其延伸;另一种是低压注液与高压压裂相结合,即在注低温液体冷却地层期间的某一时刻,将注液压力提高至压裂造缝压力,压开一条裂缝,然后采用控制排量和压力的方法控制裂缝的垂向及径向延伸程度。

(5)变排量压裂技术

该技术采用由低排量向高排量渐进式的注入方式。通常较薄的产层如煤层,在压裂过程中难以阻挡裂缝的纵向延展,通过变化泵注排量的方法可以一定程度地控制裂缝高度,而获得最佳的缝长。同时,压裂初始阶段采用低排量还能够防止压敏效应和减少煤粉的产生,有助于裂缝的开裂、扩展与延伸。

第四章　煤层水力压裂裂缝扩展规律试验研究

　　煤矿井下进行水力压裂施工时,压裂钻孔通常布置在煤层中,对整个煤层进行压裂。由于地应力的作用,水压主裂缝在扩展延伸过程中会发生一定偏转,但现场还没有可靠的手段观测裂缝的扩展与转向,对裂缝扩展规律的认识还不十分清楚。为此,需要借助于室内试验对水力压裂裂缝扩展规律进行研究。在室内进行真三轴水力压裂试验,由于大煤块试样制取加工比较困难,且煤岩体随机发育的节理裂隙对试验结果将产生很大的影响。因而,室内通常采用物理模拟的试验方法。在诸多科学研究方法中,相似模型试验一直是探讨复杂工程问题的重要手段,应用非常广泛,尤其在煤矿开采领域,如模拟煤岩体开挖后上覆岩层的破断特征,煤岩体内部爆破试验,煤岩体的水力压裂试验等[208]。同时,随着矿井深部开采的不断增加,开采过程中会遇到越来越多的难题,需要借助于相似模型试验等来研究与探讨。

第一节　相似试验原理

　　物理模拟试验,就是把自然或现场生产的现象用试验的方法构造模型使其局部或全部再现,用来观测自然或现场生产中不能直接观察到的现象,在模拟自然或一定现场因素的条件下研究模型的变化规律。其主要优点是可以不考虑研究对象的众多影响因素就可进行试验。相似模拟是研究具体工程问题的一个重要方法,研究历史较长,也相对成熟。相似模型与原型仅在系统要素的结构和特征值上有一定比例大小的差别,支配系统的本质特性不变,通过模拟试验在模型与原型之间建立了某种相似关系以满足相似性要求,相似三定理为相似模型试验提供了理论基础。

一、相似第一定理

　　相似第一定理由牛顿(J. Newton)于1686年首先提出,后由法国科学家贝尔特(J. Bertrand)于1848年提出关于现象相似的基本性质。相似第一定理表述为:对于相似的现象,其单值条件相似,其相似准则的数值(相似准数)相同,或其相似指标等于1。

　　应用相似定理研究某种客观规律,其规律中的自由量并不是任意变化的,而是受一定关系的制约。单值条件是个别现象区别于同类现象的特征,即将现象的通解转变为特解的具体条件,可以是一般代数式,也可以是微分方程式。一般包括几何条件、物理条件、边界条件及初始条件,几何条件是指参与过程物体的形状与大小;物理条件指参与过程物体的物理性质;边界条件指物体表面所受的外界约束;初始条件指所研究对象在初始时刻的某些特征。

二、相似第二定理

　　1911年俄国学者费德尔曼出导了相似第二定理,美国学者伯金汉(E. Buchinghan)于1914年得到了同样的结果,并证明了量纲分析的π定理。相似第二定理也称"π定理",表述为描述相似现象的物理方程均可以变成相似准数组成的综合方程。如果现象相似,则描述此现象的各种参量之间的关系可转换成相似准则之间的函数关系,且相似现象的相似准则函数关系式相同。相似准则是无因次的,若两种现象相似,依据该定理可以从模型试验结果整理出相似准则关系,推广到原型中进行解释,即:

"设一物理系统有 k 个物理量,其中有 k 个物理量的量纲是相互独立的,那么这 $n-k$ 个物理量可表示成相似准则 $\pi_1, \pi_2, \cdots, \pi_{n-k}$ 之间的函数关系。"按此定理表示为 $f(\pi_1, \pi_2, \cdots, \pi_{n-k}) = 0$。

相似第二定理给相似模拟试验结果的推广提供了理论依据。

三、相似第三定理

相似第一定理与相似第二定理是在假设现象相似的基础上导出的,但是并没有说明如何判定两现象是否相似。1930 年,苏联学者基尔皮契夫和古赫曼提出了相似第三定理,回答了如何判定两现象相似的问题。可表述为:若两个现象能被相同文字的关系式所描述,单值条件相似,且单值条件所组成的相似准则相等,则此两种现象相似。

为了把个别现象从同类物理现象中区别出来,所要满足的条件称为单值条件。在具体的工程实践中,要使模型和原型完全满足相似三定理的要求是相当困难的,甚至不可能的。这时要按照一定的原则合理选取参数,忽略次要要素,选取主要因素,使得模拟研究得以实现。还要根据所研究对象的特殊性确定其相似条件。相似条件是在进行相似模拟试验时,模型和原型有关参数应满足的条件,主要包括几何相似、所研究现象的发展变化过程相似、无因次参数相等以及单值条件相似等。

(1)几何相似条件

它是原型和模型应满足的基本条件之一。

$$l/l' = C_l \tag{4-1}$$

式中　C_l ——几何相似常数;

　　　l ——原型几何尺寸特征参数;

　　　l' ——模型几何尺寸特征参数。

(2)力学相似条件

此条件为模型材料和原型材料的应力关系相似条件,表示为:

$$\frac{\sigma_1'}{\sigma_1} = \frac{\sigma_2'}{\sigma_2} = \frac{\sigma_3'}{\sigma_3} = C_\sigma \tag{4-2}$$

式中　C_σ ——应力相似常数。

(3)变形相似条件

应变 ε 是一个无因次量,根据相似理论,原型与模型的应变值应相等,即 $C_\varepsilon = 1$,C_ε 为应变相似常数。由弹性理论和变形相似条件可得 $C_\varepsilon = 1$,$C_\mu = 1$,$C_E = C_\sigma$。C_μ 和 C_E 分别为泊松比相似常数和弹性模量相似常数。

(4)破坏相似条件

原型和模型的强度曲线相似,则破坏过程也相似。但二者完全相似是非常困难的,必须进行简化处理。对于岩土工程材料,主要产生剪切破坏,故采用莫尔-库仑破坏理论,此时可导出破坏相似条件为 $C_C = C_\sigma$,$C_\varphi = 1$。C_C、C_φ 分别为黏聚力和内摩擦角相似常数。

第二节　模拟煤岩相似材料试验研究

相似材料是相似模型试验中的一个重要组成部分。相似模拟试验成功的最为重要因素就是模型与原型相似条件的满足程度,因此,正确的选择相似材料不仅对试验研究的可靠性和准确性具有决定性作用,也是能否正确模拟工程原型的关键。在相似模型试验中,以相似理论为基础,以原型材料为依据,按照一定的相似比,通过物理力学性质的反复测试,获得试验所需的相似材料。

相似材料制作过程主要包括:(1)原料选择,即骨料,胶结剂,缓凝剂,硬化剂等[209];(2)原料配比选择,即确定各种原料所占比例[210-212]。骨料和胶结剂等原料的选择、配比对相似材料的物理力学性质具有很大影响。在原煤相似材料研究方面,孔令强等[213]以沙子为骨料,水泥和石膏为胶结剂,制备原煤的相似材料,探讨了不同配比条件下相似材料抗压强度和弹性模量的变化规律;李宝富等[214]以沙子为骨料,碳酸钙、石膏为胶结剂,硼砂为缓凝剂,制备了低强度原煤的相似材料;杜春志[44]、黄炳香[60]以煤粉为骨料,石膏和水泥为胶结剂,制备原煤的相似材料,用于水压致裂试验。据统计,在原煤相似材料的制备中,以沙子为骨料进行研究的居多,也有部分以煤粉为骨料的。那么在制备原煤相似材料时,选用沙子或煤粉做骨料效果是否相近?两者之间有无差异?哪种骨料配置的相似材料更合适?目前未见这方面的研究报道。为此,本节针对沙子和煤粉两种骨料的差异性进行了试验研究,研究结果可为原煤相似材料的制备提供借鉴。

一、原煤相似材料试验过程

(一)相似材料选择

根据以往的实践经验,选择相似材料时,通常考虑以下原则:(1)骨料为散体,添加胶结剂后能压制成型,方便制备;(2)模型与原型相应部分材料的主要物理、力学性能相似;物理力学性能稳定,不因温度、湿度的影响而改变;(3)改变配比后,能使其力学指标有较大的变化幅度,性能易于掌控,以便于选择使用;(4)价格低、来源广;(5)无毒无害。

按照上述原则选择本次的试验原料。煤粉,取自逢春煤矿 M6 煤层的三号无烟煤,经过室内粉碎、筛选,粒径为 40~60 目;沙子,取自河沙,粒径为 60~120 目;胶结剂为石膏粉和硅酸盐水泥(强度等级为 32.5)。石膏通常为无色、白色,有时因含杂质而成灰、浅黄、浅褐等色;低硬度。石膏属单斜晶系,解理度很高,容易裂开成薄片。它是一种气硬性胶凝材料,在干燥环境下遇水迅速凝结硬化而获得强度。

(二)相似材料配比试验方案

采用单因素分析法探讨相似材料的配比(质量比),即固定一种材料用量,改变另一种材料用量,来研究材料用量变化对混合料性质的影响[215-218]。为了探索原煤相似材料中原料(煤粉、沙子与胶结剂)不同配比对相似材料性能的影响,以及使试验结果具有重现性及试验的一致性,模拟材料应具有尽可能均质的结构。模型同原型应具有一定的相似比,因此,要确保两者相关的物理参数保持一定的相似性。在确定相似比后,还必须明确试验中模型的外界条件,考虑模型仅能模拟出一个部分,而原型煤岩体的周围赋存条件跟模型有着较大的差别,因而在建立模型的过程中,除去在简化时的假设条件外,所建立模型的其他外界条件还应满足边界条件与载荷相似。因此设计如下四种配比试验方案,见表 4-1。

方案一探究胶结剂(石膏)的用量对相似材料性能的影响;方案二测试水泥用量对相似材料性能的影响;方案三测试煤粉用量对相似材料性能的影响;方案四测试沙子用量对相似材料性能的影响。

表 4-1　煤粉、石膏、水泥和沙子不同配比试样强度

方案(材料)	配比	抗压强度/MPa	抗拉强度/MPa	干密度/(g/cm³)
方案一 (煤粉、石膏)	1∶0.2	1.74	0.17	1.44
	1∶0.4	4.75	0.25	1.43
	1∶0.6	5.22	0.38	1.43
	1∶0.8	6.00	0.46	1.53
	1∶1	7.88	0.57	1.57
	1∶1.25	10.13	0.62	1.63
	1∶1.5	11.62	0.72	1.59
方案二 (煤粉、石膏和水泥)	1∶1∶0.2	5.78	0.27	1.54
	1∶1∶0.4	6.73	0.32	1.52
	1∶1∶0.6	6.86	0.38	1.53
	1∶1∶0.8	8.15	0.55	1.57
	1∶1∶1	9.01	0.63	1.60
	1∶1∶1.2	9.64	0.40	1.62
	1∶1∶1.4	10.81	0.38	1.62
方案三 (煤粉、石膏和水泥)	0.2∶1∶1	16.53	0.90	1.64
	0.4∶1∶1	13.94	0.73	1.63
	0.6∶1∶1	11.91	0.60	1.55
	0.8∶1∶1	11.19	0.58	1.63
	1∶1∶1	9.35	0.60	1.57
	1.2∶1∶1	8.85	0.65	1.53
	1.4∶1∶1	6.49	0.36	1.56
方案四 (沙子、石膏和水泥)	0.2∶1∶1	11.42	0.88	1.81
	0.4∶1∶1	14.69	1.06	1.83
	0.6∶1∶1	15.26	1.07	1.86
	0.8∶1∶1	12.75	1.32	1.86
	1∶1∶1	10.98	1.13	1.90
	1.2∶1∶1	13.88	0.82	1.90
	1.4∶1∶1	9.28	0.74	1.89

（三）相似材料试样制备与试验

配置材料首先应以天然煤的密度、抗压强度、泊松比和弹性模量为依据,进而根据相似系数的计算得到相似材料的相关量。本次相似材料试件制备采用机械法压制成型。标准试件(ϕ50 mm×100 mm)用专门定制的圆形三开模具压制而成;巴西圆盘试件(ϕ50 mm×

25 mm)则用标准试件经过锯断、打磨而成。模具和部分试样如图4-1所示。

（a）圆形三开模具 （b）标准试样

（c）巴西圆盘试样

图4-1 模具和相似材料试样

（1）试样制作步骤

① 配料，用电子秤称出由计算得到的材料质量，按配比称重骨料与胶结剂，将它们混合搅拌，加入适量的水，再快速搅拌均匀后，倒入模具。

② 压模成型，在压力机上施加50 kN的压力，保持20 min，打开模具取出试件，静置凝固一段时间贴上标签。

③ 烘干，煤粉为骨料的试样直接放入烘干机烘干24 h。沙子为骨料的试样则放置一天后，再放入烘干机烘干24 h。

④ 利用恒温恒湿标准养护箱进行养护，养护结束后，取出试件以备测试。

（2）试验过程

每组试验制备4个试件，每种配比试样分别进行单轴压缩和巴西劈裂试验，共进行168次试验。试验在重庆大学煤矿灾害动力学与控制国家重点实验室进行，采用250 kN岛津压力机，通过位移控制（0.1 mm/min）加载速度，直至试件破坏，试验数据由计算机自动采集。

（3）试验注意事项

① 做好试验日记，如实记录试验时间、地点、温度等情况以及试验中出现的问题。

② 在拌料及浇筑振捣过程中，要认真细致，尽量使试件材质均匀、密实（特别注意试件边角的振捣，要尽量捣实）。

③ 称量各组成成分材料时，准确读数，尽量减小误差。

二、试验结果及分析

（1）试样破坏特征

试样极限荷载因材料配比不同而存在差异。四种配比试样的单轴压缩、巴西劈裂法试验的应力-应变曲线结果与原煤对比如图 4-2 所示。从图中可以看出，四种配比试样单轴压缩破坏都经过孔隙压密阶段、线弹性阶段、弹塑性阶段和脆性破坏及残余强度阶段，与原煤破坏特性非常相似。四种配比试样的巴西劈裂试验结果与原煤亦相似。所以，用煤粉、沙子、石膏和水泥为原料制备原煤的相似材料是可行的。

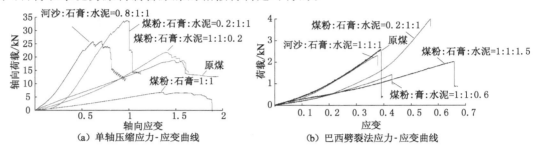

图 4-2　四种配比试样与原煤应力-应变曲线结果

（2）试验结果与分析

按照四种试验方案进行的单轴压缩和巴西劈裂试验，获得了不同配比试样的抗压强度、抗拉强度及干密度，见表 4-1，变化规律如图 4-3 至图 4-5 所示。

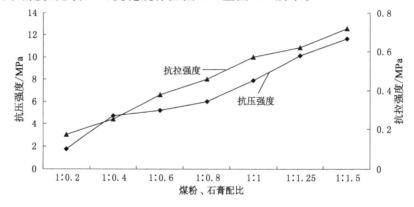

图 4-3　石膏用量对试样强度影响曲线

分析试验结果可以得出：

① 石膏用量对试样抗压强度和抗拉强度的影响如图 4-3 所示。将试样试验数据进行拟合，分别得到试样抗压强度 σ_c、抗拉强度 σ_t 与石膏用量 x 的函数关系：

$$\sigma_c = 1.537\,3x + 0.614\,6, R^2 = 0.967\,8 \tag{4-3}$$

$$\sigma_t = 0.091\,4x + 0.087, R^2 = 0.992\,5 \tag{4-4}$$

从图 4-3 和式（4-3）、式（4-4）可以看出，试样抗压强度、抗拉强度与石膏用量呈线性正相关。试样抗压强度变化范围为 1.74～11.62 MPa，抗拉强度变化范围为 0.17～0.72 MPa，干密度为 1.43～1.63 g/cm³。

② 水泥用量对试样抗压、抗拉强度的影响如图 4-4 所示。将试验数据进行拟合,分别得到试样抗压强度 σ_c、抗拉强度 σ_t 与水泥用量 y 的函数关系:

$$\sigma_c = 0.823\ 9y + 4.844\ 7, R^2 = 0.982\ 5 \tag{4-5}$$

$$\sigma_t = 0.026\ 2y + 0.315\ 7, R^2 = 0.196 \tag{4-6}$$

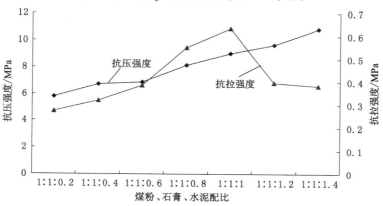

图 4-4　水泥用量对试样强度影响曲线

从图 4-4 和式(4-5)、式(4-6)可以看出,试样抗压强度与水泥用量呈线性正相关。而试样抗拉强度与水泥用量的线性关系不显著。分析原因认为,随着水泥用量的增加,试样脆性增大,导致其抗拉强度呈非线性变化。试样抗压强度为 $5.78\sim10.81$ MPa,抗拉强度为 $0.27\sim0.63$ MPa,干密度为 $1.52\sim1.62$ g/cm³。

③ 煤粉用量对试样抗压强度和抗拉强度的影响如图 4-5 所示。通过对试验数据拟合,分别得到试样抗压强度 σ_c 和抗拉强度 σ_t 与煤粉用量 m 的函数关系:

$$\sigma_c = 1.530\ 2m + 17.3, R^2 = 0.971\ 3 \tag{4-7}$$

$$\sigma_t = -0.063\ 6m + 0.88, R^2 = 0.708\ 9 \tag{4-8}$$

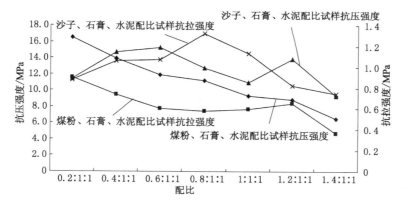

图 4-5　煤粉和沙子用量与试样强度关系曲线

从图 4-5 和式(4-7)、式(4-8)可以看出,试样抗压强度、抗拉强度与煤粉用量呈线性负相关,即随着煤粉用量增加,试样强度减小。试样抗压强度为 $6.49\sim16.53$ MPa,抗拉强度为 $0.36\sim0.90$ MPa,干密度为 $1.53\sim1.64$ g/cm³。

④ 以沙子作为骨料,沙子用量对试样抗压、抗拉强度的影响如图 4-5 所示。随着沙子的增加,试样强度变化波动较大,对试验数据进行拟合,分别得到试样抗压强度 σ_c、抗拉强度 σ_t 与沙子用量 n 的函数关系:

$$\sigma_c = -0.440\,2n + 14.369, R^2 = 0.193\,2 \tag{4-9}$$

$$\sigma_t = -0.029\,3n + 1.121\,5, R^2 = 0.999\,8 \tag{4-10}$$

从图 4-5 和式(4-9)、式(4-10)可以看出,试样抗压强度和抗拉强度与沙子用量线性关系不显著,而是呈非线性变化。由沙子做骨料配置的试样,其强度变化不稳定,试样抗压强度为 9.28~15.26 MPa,抗拉强度为 0.74~1.32 MPa,干密度为 1.81~1.90 g/cm³。

⑤ 煤粉或沙子做骨料对试样强度影响对比分析。从表 4-1 可以看出,以煤粉/沙子、石膏和水泥质量比 0.4∶1∶1 为分界点,随着骨料(煤粉或沙子)用量的增加,以煤粉为骨料的试样抗压强度和抗拉强度均低于以沙子为骨料的试样强度。以煤粉为骨料的试样抗压强度、抗拉强度与煤粉用量呈线性负相关,因而在相似材料配比时比较容易掌控其强度变化情况。以沙子为骨料的试样随着沙子用量的增加,其抗压强度、抗拉强度变化起伏不稳定,呈非线性关系,因此,在相似材料配置时较难掌控其强度变化情况。

分析两种骨料用量对试样强度产生差异性的原因,可能为颗粒大小与颗粒强度及颗粒与胶结剂的胶结紧密程度有关。沙子颗粒小但强度大于煤粉,另外,以水泥和石膏作为胶结剂,它们与沙子胶结产生的包裹力比煤粉的要好。

综上所述,以煤粉、沙子、石膏和水泥为原料制备的相似材料试样与原煤的应力-应变曲线及变化规律均相近。煤粉、石膏和水泥配比制备的相似材料试样在变形性能和破坏特性方面与原煤的相似性非常好,用来模拟原煤是适合的。以煤粉做骨料配置的相似材料,其试样强度与煤粉用量呈线性负相关,且相关性显著,相似材料性能容易掌控。而以沙子为骨料的相似材料,其试样强度与沙子用量呈非线性关系,试样强度波动较大,相似材料性能难以掌控。因此,以煤粉做原煤相似材料的骨料比沙子要合适。

三、煤层及顶底板相似材料的制备

参照上述的研究方法与结果,煤层相似材料选择煤粉、沙子和水泥为原料;顶底板相似材料选取沙子、石膏与水泥为原料。真三轴试件采用浇筑成型的方法制作,尺寸(长×宽×高)为 600 mm×600 mm×500 mm。根据上述研究结果,制作煤岩及顶底板的相似材料,并保证其破坏特征、抗压强度、抗拉强度等力学特征与煤岩和顶底板相似。参考《相似材料和相似模型》和已有关于模型材料配比的研究成果,初步确定以下 4 组型煤、6 组顶板、底板的相似材料配比试验方案,每组配比制作 3 块试件。将制作好的试件养护 7 d 后,在岛津材料试验机上进行常规力学性能测试,测试结果见表 4-2 和表 4-3。

表 4-2　型煤相似材料力学参数

配比方案	抗压强度 σ_c/MPa		弹性模量 E/GPa		抗拉强度 σ_t/MPa	
	试样	平均值	试样	平均值	试样	平均值
A 组	2.782 8		0.553 7		0.321 9	
(煤粉、石膏、水泥	2.326 3	2.459 1	0.820 4	0.568 7	0.296 8	0.353 8
质量比为 1∶1∶1)	2.268 1		0.332 1		0.442 6	

表 4-2（续）

配比方案	抗压强度 σ_c/MPa		弹性模量 E/GPa		抗拉强度 σ_t/MPa	
	试样	平均值	试样	平均值	试样	平均值
B 组 （煤粉、石膏、水泥 质量比为 5∶1∶3）	1.231 8	1.240 5	0.461 7	0.427 9	0.201 8	0.208 6
	1.037 7		0.413 8		0.224 3	
	1.452 1		0.408 2		0.199 6	
C 组 （煤粉、石膏、水泥 质量比为 3∶1∶3）	3.521 4	3.509 1	0.486 2	0.620 1	0.425 1	0.435 6
	3.236 7		0.712 4		0.278 4	
	3.769 3		0.661 8		0.603 2	
D 组 （煤粉、石膏、水泥 质量比为 2∶2∶1）	4.021 3	4.120 4	0.803 2	0.817 7	0.502 1	0.513 9
	3.982 7		0.568 3		0.221 8	
	4.357 1		1.081 7		0.817 9	
E 组 （煤粉、石膏、水泥 质量比为 5∶1∶2）	0.943 7	0.806 1	0.304 1	0.288 1	0.221 7	0.145 2
	0.782 4		0.285 4		0.112 6	
	0.692 1		0.274 7		0.101 3	

表 4-3　顶底板相似材料的力学参数

配比方案	抗压强度 σ_c/MPa		弹性模量 E/GPa		抗拉强度 σ_t/MPa	
	试样	平均值	试样	平均值	试样	平均值
a 组 （沙子、石膏、水泥 质量比为 1∶1∶1）	3.703 2	3.977 6	2.188 4	2.057 7	0.485 3	0.459 0
	4.012 4		1.862 1		0.602 7	
	4.217 1		2.122 6		0.289 1	
b 组 （沙子、石膏、水泥 质量比为 5∶1∶3）	2.102 7	2.146 5	2.063 9	1.940 1	0.383 2	0.386 8
	1.968 3		1.854 7		0.164 9	
	2.368 5		1.901 6		0.612 4	
c 组 （沙子、石膏、水泥 质量比为 4∶1∶5）	3.198 4	3.059 7	2.227 8	2.121 0	0.808 4	0.616 7
	3.086 1		1.941 9		0.643 1	
	2.894 7		2.193 4		0.398 6	
d 组 （沙子、石膏、水泥 质量比为 4∶2∶5）	4.237 1	4.154 9	2.689 3	2.718 4	0.531 1	0.510 5
	3.893 5		2.723 1		0.489 3	
	4.334 1		2.742 9		0.511 2	
e 组 （沙子、石膏、水泥 质量比为 4∶1∶6）	3.597 5	3.625 1	2.451 2	2.387 8	0.951 3	0.685 2
	3.789 2		2.529 7		0.770 4	
	3.488 7		2.182 4		0.333 9	
f 组 （沙子、石膏、水泥 质量比为 4∶2∶3）	2.623 1	2.579 0	2.601 5	2.612 4	0.415 2	0.414 5
	2.309 3		2.597 4		0.437 1	
	2.804 7		2.638 4		0.391 2	

试验结果表明,煤粉、沙子、石膏、水泥之间配比不同,试件的抗压、抗拉强度有所区别,胶结剂用量对材料强度影响较大。结合相似模型试验和煤层埋深对模型加载的要求,煤层确定采用 B 组配比方案,顶板采用 c 组,底板采用 e 组配比方案进行相似材料的制作。

第三节 真三轴水力压裂试验系统

井下煤层在水力压裂过程中,水压裂缝的扩展形态、裂缝延伸方向、裂缝几何尺寸(长宽高)都发生在煤体内部而不易观测,而水压裂缝的形态尺寸又是压裂设计的重要依据。在水力压裂现场不能进行原位试验的情况下,就需要借助于室内试验设备进行相关的试验研究,常用模拟材料代替原材料进行,因此,模拟材料的选用及力学性能对试验有至关重要的作用。基于此,室内真三轴试验系统的研制或改进对地应力作用下的水力压裂试验研究是十分必要的。

一、真三轴水力压裂试验设备

在实际的地层中存在着地应力,一般情况下,地层中的三向主应力互不相等,在实际的地层中地应力的大小和分布在不同区域有所差别。对水力压裂来说,三向主应力的相对大小决定着裂缝扩展的方向,而最小水平地应力的大小与分布影响裂缝的几何形态。水力压裂试验要真实地模拟地层应力条件,真三轴加载方式能提供正交的三向应力,具有三向加载系统,可以更好地反映地层的实际应力状况。本节利用多场耦合煤矿动力灾害大型模拟试验台框架及三向加载系统,添加承压板等部件改造成可用于进行大尺寸真三轴水力压裂的试验装置,能实现大尺寸三向不同应力水平的水力压裂试验,试验装置如图 4-6 所示。

图 4-6　多场耦合煤矿动力灾害大型模拟试验系统

试验系统由试验台框架、液压伺服加载系统和数据采集系统及压裂设备组成。

(一)试验台框架

试验台框架能放置尺寸(长×宽×高)为 1 140 mm×600 mm×500 mm 的大型试件,加载精度 0.1 kN,能为试验提供稳定的受力平衡,可满足不同试验参数需要。

(二)液压伺服加载系统

液压伺服加载系统由独立的 9 个加载压头组成,实现了 X(左右向)、Y(前后向)、Z(垂直向)3 个方向的独立加压,同时加载的吨位大,能够真实地模拟实际三向地应力载荷,加载油缸上各有一个压力数显仪,可实时监测压力施加情况,发生中途掉压卸压可立即发现,立刻进行相应油缸补压。其中 X 向的四个液压压头每个加载最大压力为 1 000 kN;Y 向则由一个压头组成,最大加载压力为 2 000 kN;Z 向四个压头每个最大加载压力为 1 000 kN;每个压头都相互独立,由电脑软件和伺服液压泵单独控制,X、Y、Z 3 个方向通过连接板、传力板等装置,把轴向力均匀地传到试件上,且加载过程中试样的中心位置可通过程序控制保持不变,有效避免了试样偏心受力和弯矩的产生,当按照试验方案加载三向应力时,应力可通过应力传力板均匀地传送至试样表面。

（三）数据采集系统

试验中采集的数据包括泵压、排量等。试验采集系统配有专用的电气控制柜,通过电气控制柜由多通道的数据线连接电脑,并由计算机软件自动采集数据信息。

（四）压裂设备

压裂设备由加压水泵、高压管路及压裂管组成。作用于试件的承载钢板,由 45$^{\#}$ 中碳钢制作,加载压头加压于承压钢板上,钢板与试件接触,试件端面尺寸稍大于每个接触面的钢板尺寸,以便产生有效的防干涉区间,防止钢板之间碰撞。而作用于试件的压力则由钢板与试件的接触面积确定,根据试验方案确定控制台压头的试验压力。试验试件的尺寸范围（长 × 宽 × 高）为（300～1 140）mm × 600 mm × 500 mm,可调整试件尺寸实现多种试件尺寸的模拟试验。本次水力压裂试验考虑设备维护等因素,所用试件尺寸（长 × 宽 × 高）为 600 mm × 600 mm × 500 mm。加压水泵可提供最大 25 MPa 的泵注水压力,水箱容量为 5 L,可以满足试验过程中所需的泵注水量。水力压裂试验过程中应力为定值,随着压裂液泵注入试样,水压裂缝在压裂液作用下开启,然后在应力的作用下闭合,水压裂缝在新泵注压裂液作用下再次开启,以此往复,水压裂缝反复开启、闭合。将 4 或 6 个探头作为一组按一定规则粘贴到试样准备施加最小应力的表面上,在裂缝扩展过程中随时监测试样破裂所发出的声波信号,并指出破裂发生的部位,由此监测裂缝的几何形态。为了减少声发射信号传播时的能量损失,探头与试样表面必须接触良好。为此在试样与压力板之间放置一钢板制作的探头托盘,在托盘安装探头的相应位置钻一沉孔,并在孔中放置弹簧,保证探头与试样表面紧密接触。在托盘上还开有引线槽,防止加压过程中对探头信号线造成损坏。与加压水泵连接的水压传感器,通过数输信号线将水力压裂数据传送至多通道采集卡,由软件程序实时显示、采集与存储数据,记录的数据包括注水时间、水压力等。压裂液中添加示踪剂,以便剖开试件后对水力裂缝的起裂位置、扩展路径进行识别、辨认。

二、试件制备

室内水力压裂试验可采用天然煤岩进行试验。由于煤岩弱面结构较发育,大块天然煤岩制取与加工成长方体试件较为困难。因此,本试验所要求的试件尺寸（长 × 宽 × 高）为 600 mm × 600 mm × 500 mm,采用水泥、石膏作为胶结材料,煤粉作为填充材料,按照配比制作而成,该配比模拟了原煤的主要力学性能。根据井下现场煤层的水力压裂情况,选取煤层与顶底板作为试验对象,采用相似材料浇筑的方法制作试件。如图 4-7(a) 所示的成型试件,下部为底板,中间为煤层,上部为顶板。同时,在浇筑过程中将外径 16 mm,内径 8 mm,长为 130 mm 的无缝钢管预置在试件中煤层的上部 10～20 mm 处,在钢管下部插有 ϕ6 mm 的钢条作为压裂煤层的模拟钻孔段,钢条距煤层底部 10 mm,如图 4-7(b) 所示。待试件成型后将钢条抽出,将形成裸眼孔段,作为煤层的钻孔压裂起始部位,模拟现场煤层的压裂钻孔。最终成型后的试样如图 4-7(a)所示。

（a）成型试件　　　　　　　　　　　　（b）模拟钻孔

图 4-7　相似材料成型试件

三、试验流程

（1）采用航吊将试件放到真三轴试验台上，在试件的三个方向上安放承压板，为了保证压力板向试样表面的均匀加载，在压力板与试样之间放置一橡胶垫片，同时，确保液压头的顶头在钢板中间。随后打开电脑、启动伺服液压泵，加载初始力让压头与承压板接触，依靠初始力调整试件位置，保证试件正中放置，使其三个方向与压头方向正交，没有偏转角度。

（2）通过高压胶管连接压裂管与加压水泵，检查水箱中的水是否达到试验所需水量。并添加红墨水等颜料作为示踪剂，方便试验后通过剖开试样观察水力压裂路径。

（3）然后编制试验加载程序，由软件程序控制液压压头的加压步骤，再根据选定的泵排量向模拟井筒泵注压裂液，采用力控制方式，加载速率为 2 kN/s，为避免单方向应力一次加载过大，对试件强度产生影响，采用三向分级同步加载的方式，先将三向应力同步加载至设置应力水平的一半，再将其同步加载到设定应力水平，保持压力恒定，从而完成试件三向分级加载。

（4）利用扳手将两端外丝单向阀与胶粘好的试块钢管外露部分的内螺纹紧密连接，打开调试好的压裂泵，试验前需验证水压传感器是否工作正常。在三向应力未加载的情况下，通过微机伺服泵压控制系统进行手动预注水，实现试件钻孔内的少量注水憋压，通过观察泵压监控界面的泵压曲线是否有大的波动或衰减，从而判断试件内部是否有贯穿性裂缝，检测前期试块封孔效果，从而保证其能够顺利进行水力压裂试验。

（5）连接水泵的压力传感器数据线，通过微机伺服泵压控制系统设置活塞移动速率，实现泵流量的设定，开启加压水泵向压裂管泵注压裂液，按照设定好的泵流量进行匀速注水，同时启动与控制器连接的数据采集系统，记录泵注压力、排量等参数。观察压力曲线变化和试件的压裂状况，直至压裂试样表面有压裂液流出，关闭水泵。期间采用数码相机进行拍摄，并用肉眼观察每个端面的红色示踪剂痕迹，初步识别水力裂缝信息和各端面的裂缝形态。试验结束，待泵压逐渐降低至稳定值后停止数据采集，并将真三轴物理模型试验机加载压力平稳卸载至 0。

（6）取出压裂后的试件，观测试件裂缝表面压裂液的痕迹，判定压裂形成的裂缝形态。

（7）为进一步观察试件内部裂缝的扩展形态，沿着扩展到试块表面的主缝，对试件进行人工劈裂，进而通过观测红色示踪剂的着色情况，进一步分析水力裂缝的延伸规律。

根据水力压裂泵压-时间曲线,试样内红色示踪剂描述的裂缝延伸信息,对水力裂缝的起裂和扩展规律及空间展布形态进行综合分析,初步探讨煤岩储层水力压裂网状裂缝的形成机制。

(8) 对试样内部红色示踪剂进行描述,并分析泵压曲线,完成煤岩压裂水力裂缝开裂形态、扩展延伸的综合分析与评估。

第四节　煤层水力压裂模拟试验研究

水力压裂通常在层状地层中进行,用于提高产层的透气性。蔺海晓等[125]采用水泥、沙子、黏土相似材料模拟产层、隔层的介质性质,借助真三轴水力压裂模拟试验装置研究层状介质的水力压裂特性。张帆等[219]采用水泥、石英砂按不同配比浇铸成天然煤岩的上下隔层,研究上下隔层与煤层组合的水力压裂裂缝穿层行为。由于大块天然煤岩加工制作比较困难,因此,本次真三轴的水力压裂模拟试验,采用相似材料模拟煤层及顶底板进行试验。试件尺寸(长×宽×高)为 600 mm×600 mm×500 mm,由专用模具采用"底板-煤层-顶板"分层的方法浇筑而成,其中顶底板厚度各为 125 mm,煤层厚度为 250 mm,压裂管裸孔段控制在煤层中,如图 4-7 所示。试件的成型养护时间为 7 d,达到强度的 70% 左右。泵注水排量为 70 L/h,泵注水压最高可达到 25 MPa,压裂管预埋在煤层中,通过高压胶管与压裂水泵连接。在压裂模拟试验研究过程中,水箱中加入红色颜料作为示踪剂;随着水压裂缝的扩展,红色颜料附着在水压裂缝的表面,显示出裂缝的最终形态。试件及试验设备如图 4-8 所示。

(a) 试件　　　　　　　　　　　　　　(b) 试验设备

图 4-8　试件及试验设备

根据上述逢春煤矿 M6-3 煤层的地应力表达式,结合该煤层埋深约为 508.94 m,计算得到该煤层最大水平主应力 $\sigma_1 = 18.34$ MPa,最小水平主应力 $\sigma_3 = 8.67$ MPa,中间垂向主应力 $\sigma_2 = 15.24$ MPa。煤层厚度为 0.93 m、密度为 1.5 t/m³,顶底板密度为 2.4 t/m³。实验室采用厚度 250 mm 来模拟煤层,煤层上下为顶底板。根据相似理论计算公式和试验设备条件,换算得到应力相似比为 5.22,试验设备对应的三向加载压力为:$\sigma_1 = 3.51$ MPa,$\sigma_2 = 2.92$ MPa,$\sigma_3 = 1.66$ MPa。

一、水压裂缝扩展的基本规律

（一）模拟煤层的水压裂缝扩展规律

（1）试验方案

为了掌握煤层水力致裂裂缝扩展的基本规律，进行了给定应力场条件下的水力压裂模拟试验。试验模拟加载的应力条件为：$\sigma_1 = 2.38$ MPa，$\sigma_2 = 2.12$ MPa，$\sigma_3 = 1.20$ MPa。其中，σ_1 和 σ_3 为试验台围压，即最大、最小水平主应力；σ_2 为试件钻孔方向即轴向压力，为中间主应力。

试验过程中，三个方向采用力控制的加载方式，即 2 kN/s 的速率分级加载到试验设定值，待模拟应力场稳定 3 min 后，进行注水压裂试验。

（2）水压裂缝的扩展过程

试验过程中钻孔注水压力随时间的变化曲线如图 4-9 所示。在注水泵打开后，压力水慢慢进入压裂管，随着钻孔内压力水的逐渐注满，在孔底开始形成憋压，泵压力上升。在 31.8 s 时，水压力迅速上升到 0.57 MPa，之后水压力缓慢上升，在 2.1 min 时，水压力又开始快速上升。其原因在于泵的排量不大，导致泵压憋压后压力上升缓慢，随着憋压量的增加，水压逐渐上升。到 2.2 min 时，水压力达到最大值 2.28 MPa，起裂压力造成孔壁破裂，煤层在水压力作用下开始产生裂缝。随后水压力急剧下降，在 3 s 内降至 2.0 MPa，表明钻孔附近存在着应力集中区域，压力水超过钻孔应力集中区后进入原岩应力时，水压力开始明显下降。此时水压力主要是最小地应力与煤层的抗拉或抗剪强度起作用。当注入水量充满新裂缝后，水压力不再降低；随着注水的继续，水压力又开始升高，使水压裂缝进一步扩展。如此往复，水压裂缝便在煤层中扩展、延伸，直至裂缝延伸至试件表面，压力水从裂缝中流出，如图 4-10 所示，然后停泵，压裂试验结束。

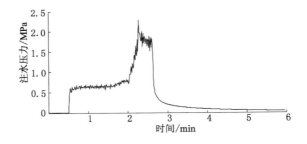

图 4-9　注水压力-时间曲线

（3）水压裂缝的扩展形态

试验完成后，将试件从试验台上搬运下来，打开试件可以看到水压裂缝扩展延伸方向及裂缝面形态，如图 4-11 所示。从图中可以看到，水压裂缝沿垂直于最小水平主应力 σ_3 的方向扩展，沿最大水平主应力 σ_1 方向延伸，延伸方向与最大水平主应力方向夹角约 15°。分析原因：由于水平最大、最小主应力值的不同，造成水压裂缝并非完全沿着最大水平主应力的方向延伸，而是产生了一定的偏转角度，这也是水平地应力差异造成水压裂缝延伸方向偏转的重要原因。试件打开后，可以看到裂缝总体形态为椭圆形。水压痕迹在钻孔附近颜色较多，主要是因为封孔不严密使压裂管与试件存在微小缝隙，随着水压力的增加，压裂管附近缝隙积聚，使得颜料在此淤积所致。

图 4-10　压力水流出煤层

（a）裂缝扩展延伸方向　　　　　　　　　（b）裂缝面形态

图 4-11　水压裂缝形态

（二）煤岩体水压裂缝扩展规律

（1）试验方案

为了研究煤岩体水力压裂的裂缝扩展规律,采用大煤块(长×宽×高约为 200 mm×150 mm×150 mm)与相似材料相混合的试件进行模拟试验。煤样来自逢春煤矿 M6-3 煤层,相似材料配比按照沙子、石膏、水泥质量比为 4∶1∶5。将煤样中心钻孔,深度约为120 mm,钻孔直径为 18 mm,将压裂筛管段(直径为 16 mm,长度为 100 mm)插入到钻孔底部,上端部用 AB 胶封孔,封孔段表面为螺纹,以增强与水泥砂浆之间的黏结力。待 AB 胶凝固后,将相似材料与大煤块及压裂管一起浇筑,成型后第二天拆除模具,养护 7 d 后进行试验。

模拟应力场三向应力分别为:$\sigma_1 = 4.91$ MPa,$\sigma_2 = 4.09$ MPa,$\sigma_3 = 2.32$ MPa。其中,σ_1 和 σ_3 分别为试验台围压;σ_2 为埋深方向压力。

（2）水压裂缝扩展过程

截取的注水压力与时间关系曲线如图 4-12 所示。压裂水泵打开后,由于压力调节阀忘记打开,导致水泵初始压力一直稳定在较低位置。之后打开压力调节阀,由于憋压效应,泵压力飞速上升,在 1.8 min 内泵压达到约 2.2 MPa。之后压力又迅速增加,约在 2.7 min 时达到峰值 4.4 MPa,孔壁破裂,煤岩体被压开产生新裂缝。由于新缝隙产生使储液空间增加,压力水进行充填,导致水压力迅速下降。随着高压水的持续注入,泵压力升高,促使裂缝逐渐扩展。当裂缝延伸到煤岩与相似材料交界处时，由于材料强度的差异及围压作用，使高压水积聚，压力升高；当水压力达到相似材料的破坏强度后，相似材料产生裂缝，高压水注入，而水压力下降。因此，分析试验曲线的第二个峰值是相似材料压裂产生的。然后在高压水的作用下，水压裂缝持续扩展延伸，直至试件表面，压力水流出，停泵，压裂试验结束。

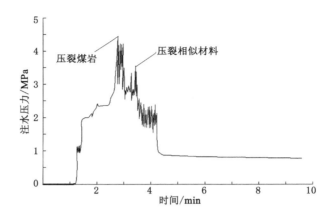

图 4-12　注水压力-时间曲线

压裂试验完成后，将试件搬运至地面，沿着压裂管方向逐步剖开试件，可以看到包裹在相似材料中的原煤，如图 4-13(a)所示。将煤岩周围的相似材料剥离后，如图 4-13(b)所示，可以看到清晰的水压裂缝从煤岩中穿过，裂缝为垂直缝，沿垂直于最小水平主应力 σ_3 方向扩展，沿水平最大主应力 σ_1 的方向延伸，且与 σ_1 方向存在夹角。轻轻拿下压裂后的煤块，煤岩被压裂成两部分，如图 4-13(c)和图 4-13(d)所示。可以看到煤岩节理裂隙较多，但裂缝并非完全沿着节理面扩展；裂缝面有一定的弯曲，分析原因一方面水压裂缝可能受内部裂隙的影响，另一方面是水平主应力的差异造成的。

（三）模拟煤层与煤岩水压裂缝对比分析

由模拟煤层与煤岩水力压裂裂缝扩展基本规律可以发现，模拟煤层与煤岩水力压裂两者具有相似性，裂缝基本在煤层或煤岩中扩展延伸，裂缝为垂直缝；地应力决定着水压裂缝扩展延伸的方向，在水平最大、最小主应力存在差异时，裂缝扩展方向与最大主应力方向存在偏转角度。

二、围压水平主应力比对煤层水压裂缝的影响

在煤层水力压裂过程中，地应力是水压裂缝扩展与延伸的主要影响因素。为研究两个水平主应力差异对水压裂缝扩展延伸方向的影响，进行了水平最小、最大主应力比值变化的压裂试验，得出水平主应力差异对水压裂缝方向的影响规律，为现场的水力压裂设计提供参考。

（一）试验方案

试件中模拟煤层及顶底板的材料不变，最大水平主应力 σ_1 与中间主应力（垂向主应力）σ_2 恒定不变，改变最小水平主应力 σ_3 的大小，研究煤层水压裂缝的扩展规律。试验加载方案如表 4-4 所示。

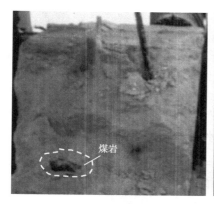

（a）相似材料包裹原煤试件

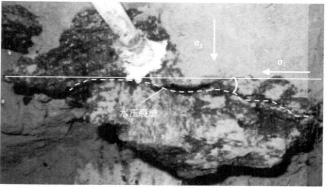

（b）水压裂缝

（c）水压裂缝形态

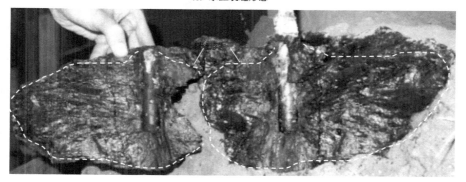

（d）煤岩水压裂缝面

图 4-13　煤岩水压裂缝形态

表 4-4　试验加载方案

方案	σ_1/MPa	σ_2/MPa	σ_3/MPa	σ_3/σ_1
1	3.51	2.92	1.23	0.35
2	3.51	2.92	1.66	0.47
3	3.51	2.92	2.28	0.65

（二）试验过程

（1）方案 1 试验过程及分析

试验过程中试件受力加载过程及钻孔注水压力随时间的变化曲线如图 4-14 所示。随着注水量的逐渐增加，在 20 s 时，孔底压力慢慢上升，憋压开始。在 43 s 时水压力为 0.61 MPa，随后注水压力迅速上升，58 s 时水压力达到峰值 3.67 MPa，钻孔孔壁处发生破裂，产生初始裂缝。由于新裂缝的产生储液空间增加，水压力迅速下降，随着泵注水量的持续增加，水压力迅速下降，并使裂缝扩展延伸，直至试件表面出现裂缝，压力水溢出，停泵，压裂试验结束。

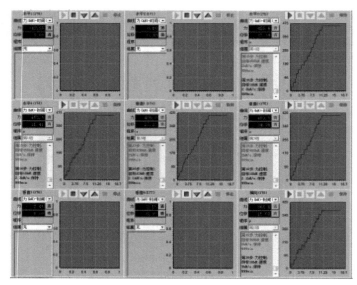

（a）试验加载过程

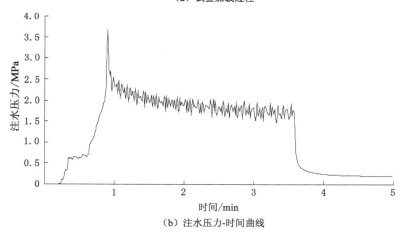

（b）注水压力-时间曲线

图 4-14　试验加载过程与注水压力-时间曲线

在水平主应力比 $\sigma_3/\sigma_1 = 0.35$ 时，水压裂缝的扩展延伸方向如图 4-15（a）所示。从图中可以看到，水压裂缝延伸方向与最大主应力方向夹角约为 45°，且裂缝沿此方向延伸，并沿垂直于最小水平主应力方向扩展。试件剖开后水压裂缝形态如图 4-15（b）所示，可以看到水压裂缝总体呈椭圆形,裂缝延伸呈非对称分布。这是因为煤层一旦一侧开裂延伸,另一侧如果遇到致密或高应力区域,裂缝将会止裂,从而造成裂缝两侧扩展延伸的非对称分布。

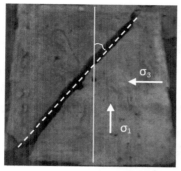

（a）水压裂缝

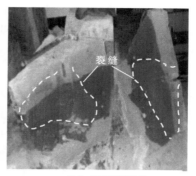

（b）水压裂缝形态

图 4-15　水压裂缝形态

（2）方案 2 试验过程及分析

试件加载受力过程及注水压力随时间的变化曲线如图 4-16 所示。打开压裂水泵后,注水量渐渐增加,注水压力开始上升,在 2 min 时,水压力达到了 1.53 MPa。之后注水压力呈

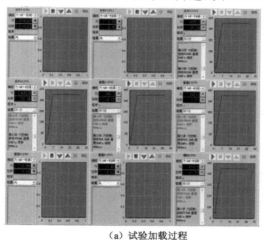

（a）试验加载过程

（b）注水压力 - 时间曲线

图 4-16　试验加载过程与注水压力-时间曲线

近似线性增长,5.4 min 时水压力达到 2.6 MPa;孔底在憋压过程中水压力持续升高,在 6.3 min 时水压力达到峰值 3.76 MPa,钻孔孔壁被压裂,泵压下降。之后裂缝开始在持续高压水注入的过程中扩展延伸,直至试件表面出现压力水溢出,停泵,压裂试验结束。

当水平主应力比 $\sigma_3/\sigma_1 = 0.47$ 时,水压裂缝形态如图 4-17 所示。从图 4-17(a) 中可以看出,水压裂缝延伸方向与最大水平主应力 σ_1 方向夹角约为 30°,且裂缝沿此夹角方向延伸,并沿垂直于最小水平主应力的方向扩展。如图 4-17(b) 所示,试件剖开后水压裂缝形态总体为椭圆形,以钻孔为中心两侧非对称分布,水压裂缝基本在煤层中扩展,裂缝高度部分穿过顶板。由于封孔不严密使材料与压裂管存在微缝隙,造成了压裂管附近红色较深,水压痕迹明显。可见,封孔是影响水力压裂成功与否的重要因素。

(a) 水压裂缝延伸方向

(b) 水压裂缝扩展后形态

图 4-17   水压裂缝形态

(3) 方案 3 试验过程及分析

试验加载过程及注水压力随时间变化的关系曲线如图 4-18 所示。试验开始后,随着泵注水量的增加,在 45 s 时,水压力还基本为零,随着孔底储满压力水形成憋压,水压力开始迅速增长,在 2 min 时水压力为 2.1 MPa;之后达到峰值 3.80 MPa,裸眼孔段被压裂破坏,裂缝张开,增大了储液空间,水压力迅速下降。之后随着泵注压力水的持续注入,高压水使已经开裂的裂缝继续扩展延伸,形成裂缝面,最终达到试件表面,压力水流出,停泵,压裂试验结束。

当水平主应力比 $\sigma_3/\sigma_1 = 0.65$ 时,水压裂缝扩展延伸方向如图 4-19(a) 所示。从中可以

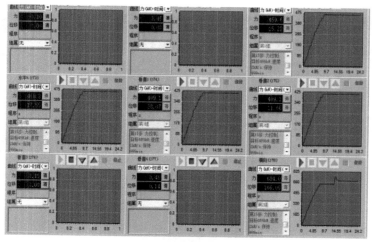

(a) 试验加载过程

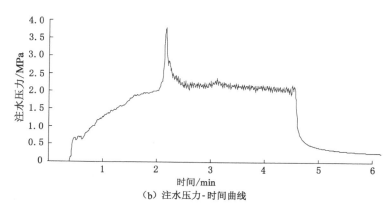

(b) 注水压力-时间曲线

图 4-18　试验加载过程与注水压力-时间曲线

看出,水压裂缝基本垂直于最小水平主应力,裂缝延伸方向与最大水平主应力 σ_1 方向夹角约为 15°。剖开后的试件如图 4-19(b) 和图 4-19(c) 所示,从中可以看到裂缝总体形态为椭圆形,以钻孔为中心对称分布,裂缝基本在煤层中扩展延伸,缝高部分穿透顶板;分析原因可能还是封孔不严密而造成部分高压水穿透钻孔附近的顶板。

（三）对比分析

最小水平主应力、最大水平主应力比值变化对水压裂缝延伸方向的影响如图 4-20 所示。从图 4-20 中可以看到,水压裂缝的延伸方向发生了偏转,随着最小、最大水平主应力比值的增大,水压裂缝扩展延伸方向与最大水平主应力方向的夹角逐渐减小,裂缝的破裂压力逐渐增大。分析原因,可能是试样是浇筑而成的,为非均质材料,且受试验条件限制,施加应力偏小。裂缝扩展延伸的破裂压力与最小水平主应力息息相关,当围压水平主应力比值增大时,最小水平主应力变大,对应的破裂压力也变大;而中间主应力即埋深对破裂压力影响较小。因此,围压最小、最大水平主应力比值越小,裂缝延伸方向与最大水平主应力方向的夹角就越大,裂缝开裂越容易。总之,水压裂缝扩展延伸的方向性与两个水平主应力的大小有关。但有部分学者研究表明,随着三向主应力的变化,水压裂缝扩展方向是随机的。

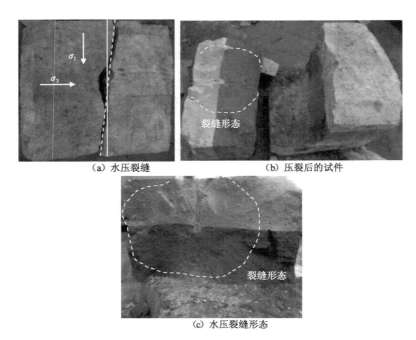

（a）水压裂缝　　　　　　　　　　（b）压裂后的试件

（c）水压裂缝形态

图 4-19　水压裂缝形态

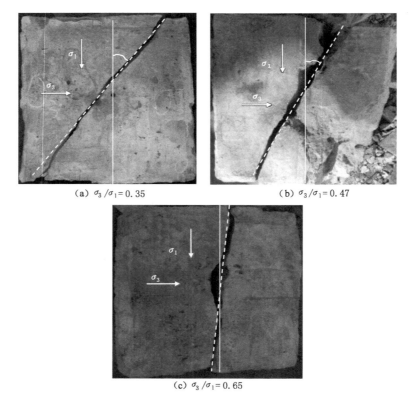

（a）$\sigma_3/\sigma_1 = 0.35$　　　　　　　　　　（b）$\sigma_3/\sigma_1 = 0.47$

（c）$\sigma_3/\sigma_1 = 0.65$

图 4-20　不同最小、最大水平主应力比的裂缝延伸情况

三、等围压水压裂缝的扩展规律

（一）试验方案

为了进一步研究煤层在应力场作用下的裂缝扩展规律，进行了等围压条件下的水力压裂试验。模拟地应力场条件为 $\sigma_1 = \sigma_3 < \sigma_2$，三向主应力分别为 $\sigma_1 = \sigma_3 = 2.0$ MPa，$\sigma_2 = 2.92$ MPa。试验加载过程及注水压力-时间曲线如图 4-21 所示。

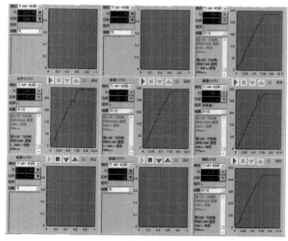

（a）试验加载过程

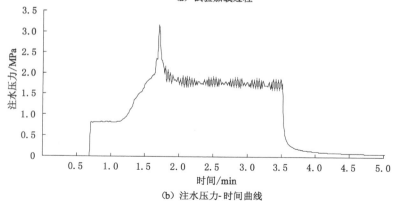

（b）注水压力-时间曲线

图 4-21　试验加载过程与注水压力-时间曲线

（二）试验过程及分析

由图 4-21 可以看出，1.6 min 时，注水压力达到峰值点 3.16 MPa，钻孔孔壁开始破坏，新裂缝产生，张开的裂缝使水压力迅速下降。此后，随着泵注压力的持续，水压裂缝继续扩展延伸，直至试件表面出现裂缝，压力水涌出，停泵，压裂试验结束。

等围压条件下水压裂缝的扩展延伸方向如图 4-22（a）所示。从图 4-22（a）中可以看出，裂缝基本沿垂直于 σ_1 方向扩展，沿 σ_3 方向延伸，裂缝延伸方向基本没有发生偏转，与 σ_3 方向相一致。等围压条件下，若材料是均质的，在地应力和水压力耦合作用下，水压裂缝在水平方向是随机扩展的。一旦裂缝开裂，水压裂缝将沿着开裂的优势面扩展，此时水压裂缝的扩展方向主要受材料本身的缺陷、弱面、裂隙等影响。打开试件后水压裂缝形态如图 4-22(b)和图 4-22(c)所示,从图中可以看出,水压裂缝总体形态仍为椭圆形,基本为单侧扩展缝,以钻孔为中心呈非对称分布;水压裂缝基本在煤层中扩展延伸,缝高变化且部分穿过顶底板。

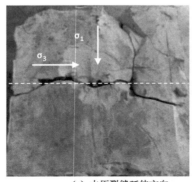
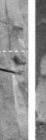

（a）水压裂缝延伸方向　　　　　　　　（b）试件打开后形状

（c）水压裂缝面

图 4-22　水压裂缝形态

四、煤层预制裂隙水压裂缝扩展规律

（一）试验方案

为研究煤层中节理裂隙对水压裂缝扩展规律的影响,在煤层内预制硬纸片作为裂隙。纸片尺寸(长×宽×厚)为 100 mm×100 mm×1 mm,距 3 倍钻孔位置即 60 mm 处垂直布置在煤层中部,与预测的裂缝延伸方向呈 45°夹角。

试验试件的三向主应力分别为 $\sigma_1 = 3.51$ MPa, $\sigma_2 = 2.92$ MPa, $\sigma_3 = 1.66$ MPa。

（二）试验过程及分析

水力压裂试验加载过程及注水压力-时间曲线如图 4-23 所示。水泵注水开始后,在 49 s 时注水压力逐步上升,在 1.2 min 达到了峰值 3.46 MPa,孔口煤体破裂,压力水填充新张开的裂隙,造成水压力迅速下降。此后泵注压力水补充,憋压产生,水压力又上升,裂缝逐步扩展,直至试件表面出现缝隙,压力水流出,停泵,压裂试验结束。

试件的水压裂缝方向如图 4-24(a)所示,从图中可以看到,岩石预制裂缝后,水压裂缝与最大水平主应力 σ_1 方向夹角约为 30°,且裂缝沿此方向扩展延伸。试验完成后,将试件搬运至地面,试件打开后形状及水压裂缝形态如图 4-24(b)和图 4-24(c)所示。从图中可以看到裂缝总体形态仍为椭圆形,观测水压痕迹,水压裂缝基本在煤层中扩展延伸,并穿过部分顶底板,表明压裂过程中缝高在发生变化。在预制裂隙处,水压裂缝穿过裂隙继续延伸,分析

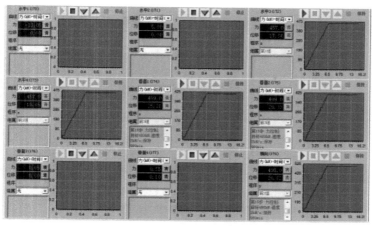

（a）试验加载过程

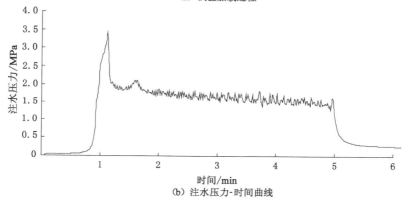

（b）注水压力-时间曲线

图 4-23　试验加载过程与注水压力-时间曲线

原因可能是预制裂隙与水压裂缝相交角度较小，导致水压裂缝穿过裂隙而继续扩展延伸。而另一侧裂缝并没有穿过预制裂隙，可能是由于煤层浇筑过程中造成了相似材料的非均一性，而使裂缝延伸方向发生了偏转。因此，水压裂缝在煤层中扩展延伸，地应力是其决定性影响因素，裂隙节理等弱面结构是其次要影响因素，水压裂缝是否穿过裂隙节理等结构面与其相交角度有关系。同时受应力场的影响，不同预制裂缝方位角的压裂裂缝偏转也有所差异。

五、煤层水压裂缝转向扩展规律

（一）试验方案

为研究煤层中地应力突变对水压裂缝扩展延伸的影响，制定如下试验方案，三向主应力分别为 $\sigma_1 = 3.51$ MPa，$\sigma_2 = 2.92$ MPa，$\sigma_3 = 1.66$ MPa。

其中，最大水平主应力方向有两块承压板组成，如图 4-25 所示。试验过程中，设备加载到三向应力预定值后，进行压裂作业，然后卸载围压 σ_1 方向上一块承压板的压力值，卸载完成后迅速加载到设定值，研究水压裂缝的扩展延伸规律。

（二）试验过程及分析

泵注压力试验加载过程及注水压力随时间变化曲线如图 4-26 所示。泵注压力在 20 s

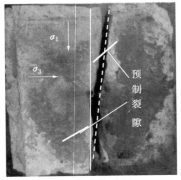
（a）水压裂缝延伸方向

（b）试件打开后形状

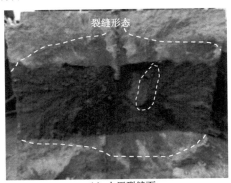
（c）水压裂缝面

图 4-24　水压裂缝形态

图 4-25　水平向加载方式

后开始上升，1.1 min 时水压力为 0.8 MPa。之后水压力在憋压效应下，迅速上升达到第一次峰值压力 2.6 MPa，孔壁破坏新裂缝产生，泵注水填充裂缝而使压力下降。随着泵压的持续供水，使水压力憋压上升，水压裂缝扩展、延伸。当围压突然降低时，泵压则持续下降，因为围压的降低，试件中水压裂缝仅需要克服煤层的抗拉或抗剪强度时裂缝就会扩展，所以注水压力下降。水压裂缝将沿着需要能量较小的区域扩展，即无围压的区域。此时水压裂缝发生转向，向围压降低的方向扩展延伸。但随着围压的再上升，水压裂缝扩展所需水压力也逐渐上升，由于憋压效应水压力达到了第二次峰值压力 2.6 MPa，之后压力水充填新裂隙使水压力下降。随后水压裂缝的扩展由于较大围压的作用,裂缝止裂,水压裂缝又沿着地应力小的方向开裂、扩展、延伸,直至试件表面,压力水流出,停泵,压裂试验结束。

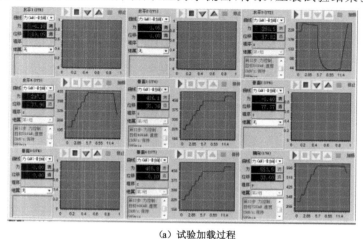

（a）试验加载过程

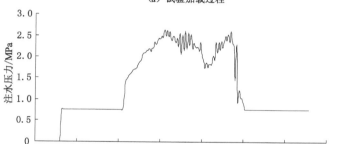

（b）注水压力-时间曲线

图 4-26　试验加载过程与注水压力-时间曲线

　　试验完成后,逐步剖开试件,水压裂缝形态如图 4-27 所示。从图中可以看到,红色的水压裂缝痕迹发生了明显的转向,裂缝面呈大于 90°的曲面。水压裂缝总体上在煤层中扩展,由于封孔存在微裂隙造成部分裂缝穿过顶板,裂缝基本为椭圆形。分析水压裂缝转向过程,在三向应力作用下,裂缝最初沿面 1 扩展;在延伸过程中,垂直于面 2 方向的主应力突然卸载并趋于无围压状态,导致煤层的破裂压力迅速降低,高压水破裂煤层的压力下降,裂缝迅速转向无围压的面 2 方向扩展延伸,面 1 的裂缝扩展停止。随后垂直于面 2 方向的压力迅速上升为最大主应力,面 2 裂缝在最大水平主应力作用下止裂,水压裂缝又沿着面 1 的方向扩展、延伸,直到试件表面,形成贯通煤层的裂缝,这样就形成了几乎相互垂直的转向裂缝面。由此可以看到地应力是水压裂缝扩展延伸的最重要因素,地应力的变化会引起裂缝扩展方向的改变,是裂缝延伸方向的决定因素。

六、两层煤层联合压裂的水压裂缝扩展规律

（一）试验方案

　　为考察近距离煤层群中某一层或多层煤层在水力压裂下的影响状况,进行了两层煤层联合压裂的水力压裂试验,模拟 M6-3 煤层、M7 煤层联合压裂的情况,研究近距离两个煤层

图 4-27　水压裂缝形态

的水力压裂裂缝扩展规律,M7 煤层力学参数见表 4-5。

设定三向主应力分别为 $\sigma_1 = 3.51$ MPa,$\sigma_2 = 2.92$ MPa,$\sigma_3 = 1.66$ MPa,试件尺寸(长×宽×高)为 600 mm×600 mm×500 mm,煤层及顶底板相似材料配比及厚度从上至下依次为:

顶板 110 mm　　　　　　　　沙子、石膏、水泥质量比为 4∶1∶5

M6-3 煤层 80 mm　　　　　　煤粉、石膏、水泥质量比为 5∶1∶3

(顶)底板 110 mm　　　　　　沙子、石膏、水泥质量比为 4∶1∶5

M7 煤层 100 mm　　　　　　　煤粉、石膏、水泥质量比为 5∶1∶2

底板 100 mm　　　　　　　　沙子、石膏、水泥质量比为 4∶1∶6

表 4-5　M7 煤层力学参数值

参数	数值	参数	数值
抗压强度/MPa	4.21	弹性模量/GPa	1.006
抗拉强度/MPa	0.75	黏聚力/MPa	1.89
泊松比	0.35	内摩擦角/(°)	42

压裂管布置:压裂管裸眼段下部在 M7 煤层中,距其底板 10 mm;上部在 M6-3 煤层中,距顶板 10 mm。浇筑成型后的试件如图 4-28 所示。

(二)试验过程及分析

试件加载过程及注水压力随时间的变化曲线如图 4-29 所示。注水泵在 10 s 时压力开始迅速上升,由于憋压效应,在 1.4 min 时水压力达到峰值 1.82 MPa,孔壁处发生破裂。之后在泵压的持续注水下,水压力呈锯齿状波动,水压裂缝不断扩展、延伸,直至裂缝贯穿至试件表面,压力水流出,停泵,压裂试验结束。

当两层煤同时进行联合压裂时,压裂的裸眼段既在两个煤层中,也包含两层煤之间的顶(底)板,且顶底板为泥岩,抗压、抗拉强度均高于煤层。在联合压裂过程中,地应力相同的情况下,压力水沿薄弱的、抗拉强度较低的煤层开裂。随着裂缝的延伸,压力水沿程阻力加大,此时若下层煤的抗拉强度与地应力中最小主应力之和大于上层煤压裂所需

 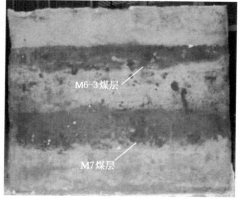

（a）试件成型图　　　　　　　　　　　　　（b）试件侧面图

图 4-28　两层煤联合压裂试件

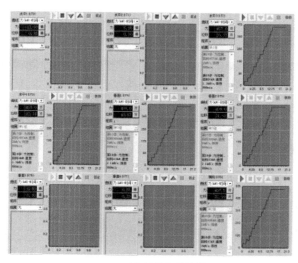

（a）试验加载过程

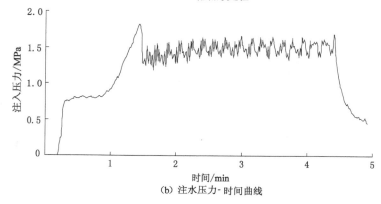

（b）注水压力-时间曲线

图 4-29　试验加载过程与注水压力-时间曲线

的压力,则上层煤将压裂;与此同时,两层煤之间的顶底板也会被压裂。最后形成一层煤压裂裂缝较长,另一层煤压裂裂缝较短,中间的顶(底)板也压裂的情况。这也是两层较近煤层联合压裂的理论依据,两层煤的联合压裂试验对煤层群的联合压裂有一定的参考意义。

试件水压裂缝的延伸方向如图 4-30(a)所示,从图中可以看到,水压裂缝基本垂直于最小水平主应力方向,裂缝延伸方向与最大水平主应力 σ_1 方向的夹角约为 30°。压裂试验结束后,将试件搬运到地面,然后对试件进行小流量的注水试验,发现水从试件两层煤的一侧涌出,如图 4-30(b)所示,表明联合压裂中,两层煤是可以压裂形成水压裂缝面的。沿着压裂管方向剖开试件,由于内部水压裂缝面已经形成,所以剖开后的试件沿着裂缝面开裂。由于下层 M7 煤层强度与密度均低于其顶板,因而在浇筑 M7 煤层顶板时,部分顶板材料侵入 M7 煤层中,造成该煤层中部凹陷,受挤压而变薄,形成如图 4-30(c)所示的煤层裂缝情况。从图中可以看到,裂缝在上下煤层及顶底板中扩展,两层煤压裂的裂缝形态总体上仍为椭圆形。可见,煤岩体本身的强度特性是水压裂缝扩展延伸的主要因素,在条件适合的煤层群中采取多个煤层联合压裂,提高煤层及煤层群之间的渗透性也是一种可行的压裂方法。

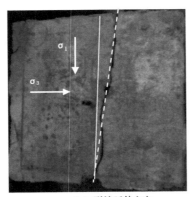

(a)裂缝延伸方向

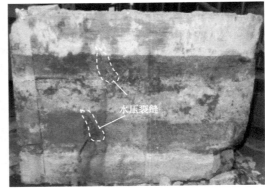

(b)联合压裂侧面裂缝

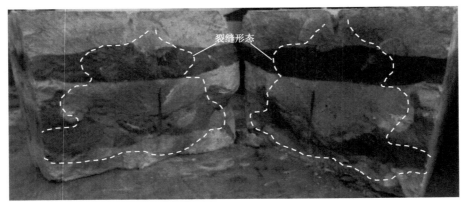

(c)裂缝形态

图 4-30　水压裂缝形态

七、预制钻孔煤层水压裂缝扩展规律

(一)试验方案

为研究水压裂缝与瓦斯抽采钻孔的关系,设定如下试验方案。

三向主应力分别为:$\sigma_1 = 3.51$ MPa,$\sigma_2 = 2.92$ MPa,$\sigma_3 = 1.66$ MPa。

在给定应力场条件下,沿裂缝扩展方向布置钻孔,观测水压裂缝遇到钻孔时的扩展延伸规律,模拟钻孔如图 4-31(a)所示。在裂缝扩展方向上以压裂孔为中心,在压裂孔 3 倍直径处,60 mm 位置区域,与最大水平主应力夹角约 30°的直线上,两侧各布置 2 个钻孔;同时根据已有学者研究的钻孔压力会使裂缝延伸发生偏转[220],因此,在其中一个钻孔的 3 倍应力影响范围内布置一个邻近钻孔,观测裂缝与钻孔的偏转情况。为保证试验成功,在以钻孔为中心的对称位置上,以同样的方式布置钻孔,如图 4-31(b)所示。

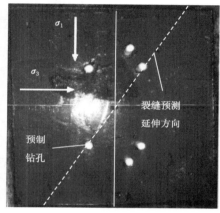

(a)模拟钻孔　　　　　　　　　　(b)钻孔布置图

图 4-31　水力压裂模拟钻孔及布置

(二)试验过程及分析

试件试验加载过程和注水压力随时间的变化曲线如图 4-32 所示。打开水压泵,25 s 后注水压力迅速上升,由于憋压效应,在 2.1 min 时,水压力上升到峰值压力 3.16 MPa,此时裸眼孔壁被压裂破坏,新裂缝产生,压力水充满张开的缝隙空间,使水压力迅速下降。此后水压力呈锯齿状波动,裂缝在稳定扩展延伸,直至试件表面出现裂隙,压力水流出,停泵,压裂试验结束。

水压裂缝延伸方向及试件压裂后形态如图 4-33 所示。从图中可以看到,水压裂缝基本垂直于最小水平主应力方向,以钻孔为中心上部裂缝延伸方向与最大主应力 σ_1 方向夹角 30°范围内,而下部裂缝延伸方向并未按照预定的裂缝方向延伸,而是与预定的裂缝方向夹角约为 30°。压裂试验结束后,观测试件表面未见裂缝,因此,顺着压裂管方向打开试件,由于试件内部水压裂缝已经形成,所以试件沿着裂缝面开裂。水压裂缝形态如图 4-34 所示,裂缝总体形态为椭圆形,水压裂缝主要在煤层中扩展,且穿过局部的顶底板,并穿透一侧的底板,形成了较深的水压痕迹,表明底板为主要压裂破坏区域。分析原因可能是煤层与底板存在交界面缝隙,使高压水积聚,裂缝面形成高压水憋压,逐步穿透底板。同时,钻孔附近部分顶板也被穿透,究其原因是封孔造成压裂管与材料存在微缝隙,随着压力水注入,微裂隙扩展、延伸,逐渐穿透顶板。因此,水力压裂在一定条件下要控制裂缝在煤层顶底板的延伸,

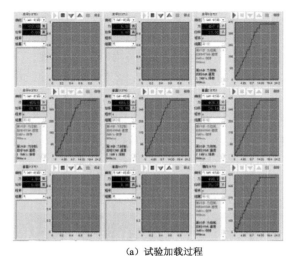

（a）试验加载过程

（b）注水压力-时间曲线

图 4-32 试验加载过程与注水压力-时间曲线

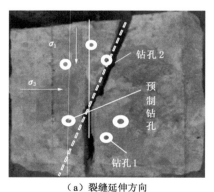

（a）裂缝延伸方向

（b）试件压裂形态

图 4-33 水力压裂裂缝形态

即控制缝高的增长。

如图 4-35 所示，预制钻孔会对水压裂缝扩展延伸产生一定影响，主要因为钻孔附近存在应力集中，造成裂缝在扩展过程中发生一定偏转。但在地应力作用下水压裂缝主要扩展延伸方向不变，且水压裂缝穿过预制钻孔，因此，钻孔对水压裂缝延伸可起到一定的导向作用。同时钻孔可布置在水压裂缝扩展延伸区域，对压裂后煤层瓦斯的抽采具有一定指导意义。

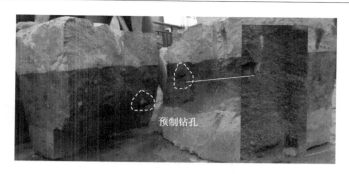

图 4-34　水压裂缝形态与预制钻孔

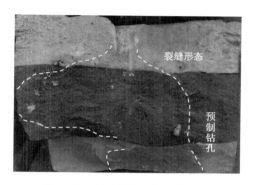

图 4-35　水压裂缝面与预制钻孔

　　煤层压裂与预制钻孔的试验表明:钻孔集中应力会局部影响裂缝的扩展方向,但在地应力作用下,水压裂缝依然会穿过钻孔。因此,在地应力作用下对压裂煤层进行抽采钻孔的合理布置,对瓦斯抽采钻孔的优化有重要意义。

第五章　水力压裂对煤层瓦斯抽采钻孔优化研究

　　矿井瓦斯灾害是煤矿生产的五大灾害之首,它不仅会制约矿井高效生产,还会造成财产损失、人员伤亡,目前,瓦斯治理的有效措施是煤层瓦斯抽采,通过降低煤层瓦斯含量和风流瓦斯浓度,达到防治瓦斯灾害的目的。然而,对于大多数低渗突出煤层,抽采效率低、钻孔工程量大、抽采周期长成为煤层瓦斯治理面临的难题,严重影响了矿井的正常接替计划,制约了矿井安全高效生产。为提高煤层瓦斯透气性,解决这一系列难题,国内外学者先后提出深孔松动爆破、水力割缝、水力冲孔、CO_2松动爆破、水力压裂等卸压增透措施,其中,水力化增透技术效果显著、实用性较强,广泛应用于低渗煤层瓦斯抽采工程。然而,单一的水力化措施存在一定的局限性,如水力冲孔对硬煤作用效果差、施工工程量大且影响范围有限;水力割缝产生的裂隙空间小、卸压范围有限且裂隙闭合较快,尤其在软煤中水力割缝产生的裂隙持续性差;水力压裂能够形成煤层大面积裂缝,但对实体煤造缝面临裂缝数量有限、裂缝分布随机、裂缝方向难控制、容易产生局部应力集中等问题。我国西南地区(指贵州省、云南省、四川省和重庆市)煤炭资源丰富、煤种齐全,是我国南方重要的产煤地区和煤炭能源供应基地,担负着南方缺煤省份的煤炭供应和"西电东送"电煤供应的重任,区内有我国规划14个重点煤炭建设基地之一的"云贵煤炭基地",能源战略地位十分重要。然而,西南地区煤层地质条件复杂,历来是我国煤矿瓦斯事故的重灾区。近年来,在国家高度重视和大力整治下,煤矿瓦斯防治工作取得了显著成效,全国煤矿安全形势日趋好转,但西南地区煤矿瓦斯事故在全国瓦斯事故中所占比例仍居高不下[221]。据统计,我国煤矿区碎软低渗煤层比例高达82%,渗透率低,煤层瓦斯含量大,煤层气资源量丰富[222]。实现低渗煤层煤层气(瓦斯)开发的突破,不仅对我国能源供给具有巨大作用,也可以为煤矿高效安全生产提供强有力的保障。为此,本章以低渗煤层为研究对象,探索水力压裂对低渗煤层改造技术的适应性,并进行现场试验应用,旨在为我国低渗煤层的瓦斯抽采提供一定的参考价值。作为煤的伴生矿产资源,瓦斯是一种清洁高效能源,但也是影响我国煤矿安全的主要因素。开采深度的增加以及煤层渗透率的降低,使得瓦斯抽采难度增大而且效率显著降低[223]。煤层增透可有效提高瓦斯抽采效率,其中,水力压裂是被国内外学者广泛认可的煤层增透技术。M. M. Hossain 等[200]建立具有正常破裂压力的离散元数值模型,验证了应力场改变,钻孔周围先产生的裂缝会影响下一个裂缝的产生。王涛等[224]等基于物理压裂模拟试验,比较了水力压裂和天然裂缝之间的不同特征。M. Profit 等[225]构建了模拟中间层和分层岩石中水力裂缝扩展的地质力学模型。陆沛青等[226]利用线性滑移模型,研究了填充物对压裂破坏的影响。张然等[227]建立耦合渗流-应力损伤模型,模拟多个裂缝形态,探讨了多裂缝扩展机制。煤体是一种多孔介质,具有丰富的原生裂隙,水力压裂过程中,煤体原生裂隙弱面在高压水流的作用下发生起裂、扩展和延伸,从而对煤层内部形成区域分割。分割的作用通过弱面的张开和扩展增加了原生裂隙弱面的空间体积;由于煤储层孔隙、裂隙结构分布的各向异性和非均质性,水力压裂钻孔的布置形式对受高压水作用的煤岩破裂过程影响较为严重[228]。在水力压裂技术的基础上,实现技术本身的深度开发,在实际工作中能够发挥出更大的作用。西南地区地处华南赋煤区,主要包含黔北—川南隆起带、黔中斜坡带、黔西断陷区和滇东斜坡区等几个主要含煤区域,含煤地层多为二叠系龙潭组、宣威组和长兴组,含煤3~92层,煤层总厚0.45~69.45 m,可采煤层1~14层,由于频繁受到地质构造运动的影响,该区域地质构造复杂,煤层赋存稳定性差,煤级展布格局复杂,以气煤、肥煤为主,瘦煤、贫煤、无烟煤、褐煤、焦煤次之。受多反复抬升和凹陷的影响,区域煤层的沉积环境复杂,陆相、海相和海陆交互相沉积均有分布,煤层一般具有瓦斯压力大、瓦斯含量高、透气性低等特点。而西南地区作为我国南方片区的主要产煤区域,根据资料统计,目前已探明的煤炭资源总量3 866亿 t,煤层气储量4.21×10^{12} m³,其中煤炭保有储量972.4亿 t,煤炭资源总量约占全国总储量的10%。其中贵州的六盘水、织纳和黔北等3个矿区煤炭储量约占整个西南地区煤炭储量的60%,是西南地区煤炭储量的核心区域[229]。其地质构造条件十分复杂,煤层瓦斯赋存量大,透气性低,矿井煤与瓦斯突出灾害严重,因而,提高低透气性煤层的渗透性,抽采煤层瓦斯是矿井安全生产的重要保障[230]。在低透气性煤层中,采用钻孔抽采瓦斯,会使钻孔抽采半径小、钻孔密度大、施工工期长,且对采掘生产的接替十分不利。为此,国内外学者提出诸多解决办法,主要集中在扩大钻孔抽采半径和优化钻孔布置方式上。通常采用人为卸压的方法增加煤层透气性扩大钻孔的抽采半径,主要措施有水力冲孔、水力压裂、深孔预裂爆破等。优化钻孔布置一般是根据煤层特点,对钻孔的布局进行设计,但只能在有限程度上提高钻孔抽采效率,煤层低透气性并没有改变。因此,如何把两种方法有效地结合起来,将是一种有益的尝试。研究表明,水力压裂卸压范围大,能够实现几十米甚至一百多米内煤体卸压,大大减少了钻尺,提高了工作效率,对防治煤矿瓦斯灾害和增加煤层透气性起到了很好的作用。因而,本书以水力压裂的方法增加煤层透气性,然后根据煤层的卸压增透区域对瓦斯抽采钻孔进行优化布置。

第一节　水力压裂对煤层的多重效应

我国绝大多数高瓦斯突出矿井主采煤层属于低透气性煤层,瓦斯抽采达标所需时间长,区域瓦斯治理难度较大。寻找一种有效提高煤层透气性的方法,对低透气性煤层瓦斯治理具有重要意义。水力压裂技术是石油开发领域改造油气储层条件的增产措施之一,也是地面煤层气开发的主要增产强化手段。原煤炭科学研究总院抚顺分院在1965年首次通过地面钻孔对煤层实施水力压裂,取得显著效果。近年来,随着井下大功率大排量压裂设备的研制成功,以水力压裂为代表的水力化增透措施得到迅速发展,苏现波等[231]、王魁军等[232]先后着力于煤矿井下穿层和顺层瓦斯抽采钻孔的水力压裂增透技术的研究,并在河南平顶山、鹤壁、焦作、义马,安徽淮南等矿区进行应用,取得了较好效果。

李全贵等[233]提出了定向钻孔定向水力压裂技术,借助定向钻孔增加辅助自由面对水力压裂孔产生的裂隙具有导向和加速扩展的作用,使整个压裂区域压裂后形成较大范围的卸压增透区。翟成等[51]在定向压裂技术基础上又提出了高压脉动水力压裂卸压增透技术,通过脉动泵产生周期性脉冲射流,在煤层内形成周期性的张压应力,使煤层中的原生裂隙不断贯通、延伸,取得了较好效果。水力压裂实际上是借助钻孔向煤层内注入高压水,将钻孔附近的煤体压裂。水力压裂过程中,煤体借助高压水来贯通和劈裂煤体,使得煤体的裂隙逐渐变宽变长,从而使煤层的渗透系数不断增加,增加煤体的透气性,提高瓦斯抽放效率,消除煤层的突出危险性,预防煤与瓦斯突出事故的发生。

水力压裂可从 3 个方面卸压增透煤层:① 使煤体卸压,提高煤层透气性;② 湿润煤体,增加塑性;③ 改善瓦斯抽采环境。郭红玉等[234]论述了井下水力压裂的多重功效,建立了"应力应变-煤体结构-渗透率"耦合关系,为井下水力压裂机理研究奠定了基础。富向等[74]进行了井下点式水力压裂技术研究并进行了工业性试验。王耀锋等[230]通过实施先割缝后压裂的方法,提出了基于导向槽的定向水力压裂增透技术。水力压裂技术的原理实质上就是在透气性比较差的煤层中利用水作为动力,使煤层之间的空间畅通,进而使煤层在开采过程中能够产生流体动力,让煤层空间膨胀,增强煤层之间的透气性,另外使煤层破裂之后的缝隙能够相互联通,形成透气性良好的网络结构,提高煤层之间的交联,增加煤层与抽采部位之间的联通能力。煤层进行水力压裂的主要目的是增加煤层透气性,提高瓦斯抽采浓度、抽采纯量,实现矿井的安全生产。水力压裂增透是在高压水的压力影响下微裂纹萌生、扩展及贯通,直到宏观裂纹发生失稳破裂的过程。孙炳兴等[235]对水力压裂增透技术在瓦斯抽采中的应用进行了研究,实施了水力压裂增透技术现场试验,对水力压裂技术在低透气性、高瓦斯突出煤层中的运用效果进行了考察,分析了水力压裂煤体致裂增透机理。水力压裂后煤体内的水分增加,也减少了采掘时的煤尘量,井下的作业环境得到改善。同时,水力压裂过程中,大量的压力水注入煤层,一方面用于压裂煤体,产生水压裂缝;水力压裂的裂隙扩展方向与钻孔的方向相一致,实现裂隙网络的沟通,形成卸压增透区域,根据地应力的大小和方向,对水力压裂的钻孔方位角进行合理选择,从而使得该技术能够在预定方向和范围内达到最佳的瓦斯抽采效果;另一方面部分压力水滤失到煤层孔隙裂隙中,可浸润煤基质,降低煤体强度等。因此,水力压裂对煤层具有多重效应。

(1)增透效应与抑制瓦斯

瓦斯是煤炭安全高效开采中面临的首要问题,瓦斯抽采是治理瓦斯的根本措施。煤层在沉积成岩过程中,赋存了大量的瓦斯气体,在后期的地质构造运动中瓦斯不断涌出,从而形成了煤体内部大量的孔隙和裂隙,造成了煤层的多孔介质特性。控制压裂是通过设置控制孔或联合压裂等方法,利用水力压裂过程中的应力扰动效应和控制孔的诱导应力效应耦合作用,在孔隙流体压力、煤体力学性质等因素作用下使水力裂缝按照预定方向产生、扩展和延伸,并形成有利于瓦斯运移产出的缝网,从而增大煤层渗透性和提高瓦斯抽采效果的一种方法措施。水力压裂技术可以使煤层与煤层之间的缝隙增大,增加煤层之间的透气性,使煤层的空间变得更加畅通,便于瓦斯的流动,减少瓦斯涌出现象的发生。

水力压裂过程中,高压水进入煤体,一方面促使水压裂缝的形成,另一方面压力水进入煤体弱面的孔隙裂隙中,破坏了煤体原来的应力状态,引起煤体内部应力急剧变化并重新分布。在地应力的作用下,随着裂缝的扩展和延伸,裂缝周围的煤体也发生变形,产生不同的应力区域,即卸压区、增压区及原岩应力区,基本对应于煤体应力应变曲线的变化特征段,即破坏段、塑性段、弹性段及原岩应力段。卸压区是压裂增透的主要区域,卸压区内煤体会产生更多裂缝或裂隙孔隙,增加了瓦斯在煤体中的流动通道,提高了煤层的透气性能,也加速了吸附瓦斯解吸,游离瓦斯释放,提高了瓦斯在煤体中的流速和流量。因此,煤层压裂形成的大量裂缝及孔隙裂隙,降低了煤体的局部应力,增加了煤层的透气性。

同时,煤层水力压裂还具有抑制瓦斯涌出的作用。煤岩为多孔介质,具有一定的亲水性,压力水进入煤体后,部分水量滤失于煤层进入煤基质的孔隙裂隙中,实现了对煤基质内部吸附瓦斯的"封闭",使瓦斯由吸附态转化为游离态更加困难,即增大了煤层瓦斯残留量,减少了瓦斯涌出量。郭红玉[108]通过室内模拟不同含水率的煤储层的渗透率,根据启动压力梯度和瓦斯放散初速度 ΔP 的变化规律,佐证了水力压裂有抑制瓦斯涌出的作用。并且煤层含水率越高对瓦斯涌出的抑制作用越明显,煤矿井下开采现场的实践表明,水法采煤比旱法采煤的相对瓦斯涌出量小,前者仅为后者的 45.3%。

（2）湿润煤体,增加煤体塑性

通过水力压裂技术,可以增加煤层之间的含水饱和度,使煤体的抗压强度、变形模量、抗拉强度发生变化,只有让煤层的强度降低,加大煤层之间的空隙,才能有效地处理瓦斯,使煤层易于开采,提高煤矿开采的工作效率。煤层更多的孔隙结构使煤体在压裂过程中,高压水从煤体中的孔裂隙通过时,会逐渐湿润周围煤体。压力水在持续的泵压作用下,不断压裂破坏煤体,使煤体的裂隙孔隙不断贯通、扩展,又形成了更大的容水空间,湿润更多的煤体。吸水湿润后的煤体,逐渐软化,物理力学性质发生改变,强度降低,塑性增加,从而使煤体弹性潜能降低,积蓄的能量下降,使煤体的应力集中区域向深部转移,起到了防治煤与瓦斯突出的作用。

（3）降尘作用

煤尘是煤矿的五大灾害之一,一方面矿井巷道等区域集聚的煤尘能引起煤尘爆炸,另一方面矿工过多吸入煤尘会引起尘肺病,因而,减少煤尘也是煤矿安全生产的重要环节。煤层水力压裂后,煤体中充满了压力水,煤基质、煤尘也都被水湿润。水与湿润后煤尘之间的主作用力是液体桥联力,研究表明液体桥联力促使湿润尘流中的尘粒凝聚变大,沉降速度加快[236];具有一定含水率的煤体,破碎后的尘粒减少,原生煤尘也被湿润,失去了飞扬能力,因此,水力压裂使煤尘尘源减少,起到了降尘的作用[237]。

（4）对应力场和瓦斯压力场的均一化作用

原生煤层储蓄有大量的弹性变形能,在地应力场与瓦斯压力场作用下处于平衡状态。由于采掘作业的扰动,煤岩一旦突然破碎,弹性能就可能瞬间释放,造成煤与瓦斯突出或冲击地压灾害。而煤矿发生的诸多动力灾害,基本都是地应力与瓦斯耦合作用的结果。因此,在地应力场不可消除的条件下,减少瓦斯的动力作用就十分必要。水力压裂使煤体内部产生人工裂缝,对瓦斯压力场和地应力场进行扰动,造成地应力场局部卸压,瓦斯渗透性增加,促使两场在影响范围内实现均一化,从而有助于防治煤与瓦斯突出和冲击地压。

第二节　椭圆形裂缝周围的塑性区

煤层进行水力压裂产生的裂缝形态总体为椭圆形,为研究椭圆形裂缝周围的应力分布状况,进行如下假设:煤体为连续均匀介质,各向同性弹性体,水压裂缝形成后,位移和变形量是微小的。

基于以上假设,认为水压裂缝形成后,椭圆形的裂缝形态不变,缝宽小于缝长和缝高。对于垂直缝,裂缝长度远大于裂缝高度,裂缝高度大于裂缝宽度。椭圆形裂缝的轴向方向和径向方向仍为椭圆形,因而,裂缝周围应力分布可转化为平面问题来处理。认为椭圆形周围的塑性区即为卸压区,采用郭佳奇等[238]研究得出的椭圆孔口塑性区分布作为椭圆形裂缝周围的卸压区。其椭圆孔口塑性区分布的求解思路为:通过映射函数将物理平面 z 上椭圆孔外域映射到像平面 ζ 单位圆外部,利用鲁宾捏特解答得到 ζ 平面上的塑性区分布,然后将其逆映射回 z 平面上得到椭圆孔口塑性区分布。求解过程如下。

z 平面上的椭圆孔口,长轴半径为 a,短轴半径为 b,如图 5-1 所示。由文献[239]可知,映射函数为

$$z = w(\zeta) = c\left(\zeta + \frac{m}{\zeta}\right) \tag{5-1}$$

式中,
$$c = (a+b)/2, m = (a-b)/(a+b)$$

将 $z = x + iy$ 和 $\zeta = \rho e^{i\theta} = \rho(\cos\theta + i\sin\theta)$ 代入式(5-1),得 z 平面坐标与 ζ 平面坐标之间关系为

$$\left.\begin{aligned} x &= c\rho\left(1+\frac{m}{\rho^2}\right)\cos\theta \\ y &= c\rho\left(1-\frac{m}{\rho^2}\right)\sin\theta \end{aligned}\right\} \tag{5-2}$$

如图 5-2 所示,ζ 平面上一定角度的塑性区半径等于单位圆孔口外弹塑性交界线上对应角度处坐标点的极径,由一般圆形孔口弹塑性分析的鲁宾捏特解得 ζ 平面上单位圆孔口外的塑性区半径为:

$$\begin{aligned} r_{\zeta p} &= \rho_L \\ &= R_0\left\{\frac{[p(1+\lambda)+2C\cot\varphi](1-\sin\varphi)}{2C\cos\varphi}\right\}^{\frac{1-\sin\varphi}{2\sin\varphi}} \times \left\{1+\frac{p(1-\lambda)(1-\sin\varphi)\cos2\theta}{[p(1+\lambda)+2C\cot\varphi]\sin\varphi}\right\} \end{aligned} \tag{5-3}$$

式中 $r_{\zeta p}$ ——塑性区半径;

   ρ_L ——对应角度处弹塑性交界线 L 相应坐标极径;

   R_0 ——映射平面的半径,取值为 1 m;

   θ ——极角;

   p ——垂直地应力;

   λ ——侧压力系数;

   φ,C ——围岩内摩擦角和黏聚力。

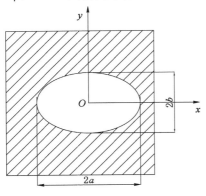

图 5-1   平面上的椭圆孔口

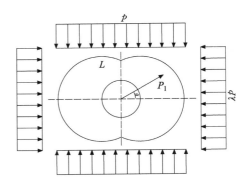

图 5-2 ζ 平面上塑性区分布

由式(5-2)和式(5-3)可得 z 平面相应角度处弹塑性交界线上坐标点坐标(x_T, y_T)：

$$\begin{cases} x_T = c\rho_L \left(1 + \dfrac{m}{\rho_L^2}\right)\cos\theta \\ y_T = c\rho_L \left(1 - \dfrac{m}{\rho_L^2}\right)\sin\theta \end{cases} \qquad (5\text{-}4)$$

由式(5-4)可求出 z 平面上椭圆孔口塑性区半径：

$$r_p = \sqrt{x_T^2 + y_T^2} = c\rho_L \left(1 + \frac{m^2}{\rho_L^4} + \frac{2m}{\rho_L^2}\cos 2\theta\right)^{\frac{1}{2}} \qquad (5\text{-}5)$$

从以上裂缝周围应力状态分析可以看出，在裂缝延伸方向上，椭圆形裂缝周围存在一个应力分布区，形成一个卸压范围，也是煤层卸压增透的主要区域；裂缝在轴向与径向方向长度的差异造成其卸压范围大小的不同。

第三节　瓦斯抽采钻孔优化研究

煤层瓦斯抽采方法主要有卸压煤层的抽采与未卸压煤层的抽采。在低透气性煤层中，未卸压煤层瓦斯渗透性低，抽采困难，一般采用增透措施增加煤层透气性，抽采瓦斯。而卸压煤层的瓦斯抽采，主要通过布置抽采钻孔于卸压区，进行瓦斯抽采。在卸压区域，原生煤层因煤岩承受应力变化，发生卸压变形，孔隙裂隙增多，瓦斯流动异常活跃，渗透性显著增加，即出现卸压增流效应[240]。目前，煤矿多采用井下建立永久瓦斯抽采系统，通过穿层钻孔或顺层钻孔，连接抽采管路联网到瓦斯抽采系统，抽采井下各区域的瓦斯。因此，布置瓦斯抽采钻孔是煤层瓦斯治理的基础工作。

一、钻孔有效抽采半径的确定

我国是世界上煤与瓦斯突出灾害最严重的国家之一，煤层瓦斯抽采是防治瓦斯事故的根本性措施。在煤层中施工抽采钻孔抽采煤层瓦斯消突已成为保障煤矿安全生产必不可少的重要环节。抽采半径是制定抽采方案的关键参数之一，抽采半径的大小直接影响抽采孔的布孔方式、孔间距的设计和抽采时间的确定[241]。抽采半径过小，不仅会给生产工作增加无意义的工作量，而且会增加钻孔相互串孔的概率，增大封孔难度，降低封孔质量，影响瓦斯抽采效果；半径过大，在预定的抽采时间内煤层部分区域的瓦斯得不到有效排放，形成瓦斯治理盲区，威胁安全生产。国内外学者不断完善煤层瓦斯的流动理论研究，在此基础上，将测定钻孔有效抽采半径的方法运用到实际生产中，也有学者在遵守达西定律和质量守恒定律的前提下，通过计算机模拟仿真技术推导计算矿井有效抽采半径，徐明智等[242]应用Fluent 软件模拟了瓦斯抽采半径与影响因素之间的关系，分析了钻孔直径、渗透率、抽采负压的关系，并总结了抽采影响关系；张钧祥等[243]采用数值模拟对扩散-渗流机理的瓦斯抽采进行了研究，模拟了不同抽采时间下的瓦斯压力、有效半径变化特征；屈海军[244]基于瓦斯平面流动理论，推导了瓦斯抽采半径公式，并以鹤煤十矿为试验矿井，为瓦斯抽采钻孔布置提供了科学依据。

钻孔抽采煤层瓦斯是目前进行煤层消突的重要措施，而抽采钻孔间距的布置是影响瓦斯抽采效果的重要因素，瓦斯抽采钻孔间距的设计应当以煤层瓦斯有效抽采半径为依据。目前，煤层瓦斯有效抽采半径的测定方法主要有理论计算法、数值模拟法和现场测定法三类。理论计算和数值模拟法方面,朱南南等[245]基于瓦斯径向非稳定流方程,采用模拟方法求出近似解析解,建立有效抽采半径表达式。刘三钧等[246]基于瓦斯压力和瓦斯含量的关系推导出瓦斯压力变化与瓦斯抽采率的关系,提出了基于瓦斯含量的相对压力测定有效半径方法。王兆丰等[247]提出了利用变系数非线性瓦斯渗流方程快速精确测定瓦斯抽采半径的数值计算方法。李子文等[248]建立了钻孔抽采量与时间的指数函数关系,并推导出抽采半径的计算公式,建立了抽采半径与煤层参数和抽采时间的数学关系。现场测定法方面,以相关规程要求为前提,学者们提出了众多的测定方法。徐东方等[249]提出压力降低法是现场测定瓦斯抽采影响半径及有效抽采半径最直接、简单的方法。舒龙勇等[250]提出以残余瓦斯压力为有效抽采半径界定的新指标,结合瓦斯压力分布模型,提出有效抽采半径的快速测定方法。理论计算与数值模拟法可以方便快速地计算出煤层的有效抽采半径,但所需参数的选取具有一定的经验性,提出的模型有一定的假设性条件,因此,现场一般会采用瓦斯压力降低法进行测定,但该方法的应用也会受多种条件的影响,例如钻孔是否能平行施工、钻孔封孔是否完好、钻孔内水压是否能准确测定等。针对以上问题,笔者提出了一种以瓦斯流量为基础、结合抽采后残余瓦斯含量进行钻孔瓦斯有效抽采半径测定的方法,以期能够优化抽采钻孔布置,提高矿井瓦斯抽采效率,实现矿井安全生产。

瓦斯抽采是瓦斯治理的根本性措施,可有效降低煤层中的瓦斯含量和压力,从而控制或减少瓦斯事故发生的可能性。抽采有效影响半径是矿井在进行抽采钻孔布孔设计时主要依据之一,它是指原始瓦斯压力在某时间内开始下降的观测点距抽采钻孔中心的间距。工程应用通常会认定将某个钻孔在抽采后持续观测的瓦斯压力皆比之前下降10%以上时,则认为该钻孔位于抽采钻孔影响半径之内。依据抽采有效影响半径设计钻孔布置时,可尽量避免因钻孔间隔过大而产生的抽采空白带,或者因钻孔间隔过小而形成各钻孔抽采区域重叠而造成人力和物力浪费问题。因此,准确测试出钻孔的抽采影响半径,对于完善矿井瓦斯抽采系统具有重要意义。

钻孔有效抽采半径是进行瓦斯抽采钻孔布置的前提,是影响瓦斯抽采量的关键因素。《防治煤与瓦斯突出规定》第五十条明确指出:预抽煤层瓦斯钻孔应当在整个预抽区域内均匀布置,钻孔间距应当根据实际考察的煤层有效抽采半径确定。目前,在预抽煤层瓦斯抽采钻孔半径的选取上还没有形成统一的认识,钻孔的选择与布置具有一定的经验性,因此,合理地测定煤层瓦斯有效抽采半径对预抽煤层瓦斯钻孔布置,采掘接替的安排等都具有十分重要的作用。

目前确定钻孔抽采有效半径常用的方法有:瓦斯压力法、瓦斯流量法、气体示踪法和计算机数值模拟法等,但这些方法都有其不足之处。瓦斯压力法主要是按一定距离在抽采钻孔两侧分布测压孔,随着钻孔瓦斯抽采,观察两侧压力表数值随时间的变化规律,从而确定一定抽采时间内钻孔的有效抽采半径。在现场实际应用中,瓦斯压力测定受诸多因素制约,钻孔有水时则测得瓦斯压力过大,有时存在封孔漏气,压力值快速衰减,有时瓦斯压力又难以测到,这些因素都不利于瓦斯压力法测定钻孔的有效抽采半径。气体示踪剂法操作较为困难,检测示踪剂比较烦琐,不利于煤矿井下推广应用。计算机数值模拟计算钻孔有效半径受参数选择的影响较大,且模型计算本来就与现场有一定的误差。而瓦斯流量法则是一种比较准确的瓦斯有效抽采半径测试方法。钻孔周围煤体中的瓦斯在抽采负压的作用下运移到孔口,需要克服不同的沿程阻力,而且随着钻孔深度的增加,钻孔内的瓦斯在抽采负压的作用下运移到孔口的过程中沿程阻力会逐渐增大。因此,分析认为,在孔口负压一定的抽采作用下,从孔口到孔底,抽采负压是不断减小的。抽采钻孔内的压力等于井下大气压力与抽采负压之差,因此,在抽采负压沿钻孔从孔口到孔底不断减小的同时,钻孔内的压力是在不断增大的。促使钻孔周围煤体中的瓦斯不断向钻孔内运移的动力是压力梯度,压力梯度是瓦斯运移的动力,压力梯度越大,瓦斯越易流动,流动的范围也越大,反之亦然。钻孔周围的压力梯度是钻孔周围的煤层瓦斯压力与钻孔内的压力之差,钻孔周围的瓦斯压力沿孔长是不变的,根据钻孔内的压力变化情况,沿钻孔从孔口到孔底钻孔周围的压力梯度是不断减小的。因此,可以预测:钻孔周围煤体受抽采的影响范围是逐渐减少的,相应地,抽采瓦斯钻孔有效半径也是随孔深的增加逐渐减小的。

钻孔抽采瓦斯时,安装流量计可以稳定可靠地获取大量瓦斯流量数据,然后汇总分析瓦斯流量数据,通常认为钻孔抽采瓦斯流量符合负指数衰减规律。

(一)穿层钻孔瓦斯有效抽采半径的测定方法

在现场合理位置施工一瓦斯钻孔,封孔后接上抽采管道进行抽采,采用流量计在抽采过程中对单孔抽采瓦斯量进行数据统计,对统计结果换算为百米钻孔抽采量,采用式(5-6)对数据进行回归分析[251]。

$$q(t) = q_0 e^{-\beta t} \tag{5-6}$$

$$\beta = \frac{\ln q_0 - \ln q(t)}{t} \tag{5-7}$$

式中　$q(t)$ ——经时间 t 后的钻孔瓦斯流量,L/min;

　　　q_0 ——钻孔初始瓦斯流量,L/min;

　　　β ——抽采钻孔瓦斯流量衰减系数,d^{-1},与煤层透气性系数、瓦斯含量及孔径大小有关,由现场实际考察测得;

　　　t ——钻孔涌出瓦斯经历的时间,d。

然后根据瓦斯抽采率和煤层瓦斯含量即可确定煤层瓦斯抽采半径,见式(5-8)。

$$R = \sqrt{\frac{1\,440 q_0 (1 - e^{-\beta t})}{100 \pi \rho \eta W \beta}} \tag{5-8}$$

式中　R ——穿层钻孔有效抽采半径,m;

　　　q_0 ——百米沿层钻孔最初单位时间内的瓦斯抽采量,$m^3/(hm \cdot min)$;

　　　ρ ——煤的密度,t/m^3;

　　　η ——煤层的瓦斯抽采率,%;

　　　W ——煤层的原始瓦斯含量,m^3/t。

对于 η 取值,一般按照《煤矿安全规程》所制定的抽采率超过 30% 的消突指标,瓦斯含量很高压力很大的煤层,需现场考察确定消突指标。

(二)顺层钻孔瓦斯抽采有效半径的测定方法

根据《煤矿瓦斯抽采基本指标》(AQ1026—2006),抽采钻孔控制区域抽采总量按照式(5-9)计算。

$$Q_{总} = L_1 L_2 h \rho W \eta \tag{5-9}$$

式中　L_1, L_2 ——抽采钻孔控制区域长度、宽度,m;

　　　h ——抽采钻孔控制区域煤层厚度,m;

ρ——抽采钻孔扩展区域煤层密度，t/m^3；

W——抽采钻孔控制区域煤层瓦斯含量，m^3/t；

η——抽采率。

抽采的钻孔数量和钻孔抽采半径则按式(5-10)和式(5-11)计算。

$$N = Q_{总}/Q_{单} \tag{5-10}$$

$$r = L_1/2N \tag{5-11}$$

式中　N——抽采的钻孔数量；

　　　r——钻孔抽采半径，m；

　　　$Q_{单}$——一定抽采时间统计的单孔抽采总量，有 2 种计算方法：① 根据测试数据直接累计得出；② 根据测试数据拟合抽采衰减负指数曲线，再进行积分求解不同时间段单孔抽采总量。

钻孔瓦斯流量法测定煤层瓦斯有效抽采半径，是根据测定单孔的瓦斯流量，对测试数据进行回归分析，瓦斯流量数据能真实反映实际抽采情况，无须测定瓦斯压力，方法简单，便于实施，测定的瓦斯有效抽采半径较为可靠、准确。

二、煤层瓦斯抽采钻孔优化研究

钻孔的抽采半径是众多抽采参数中，影响瓦斯抽采效果的重要因素。确定了钻孔的有效抽采半径，就可以依据有效抽采半径制定钻孔优化布置方法。假设每个抽采钻孔的抽采区域都为圆形，钻孔之间互相独立，没有影响，实测的有效抽采半径为 R，则钻孔在煤层中的优化布置就简化为圆形之间的排列问题。实际上抽采钻孔之间的瓦斯渗流流场并不是孤立的，而是存在着相互的耦合作用，此外煤层倾角对钻孔的布置也有一定影响。采用简化处理的结果虽然缩小了钻孔的实际影响区域，但优化的结果在工程应用上更加可靠安全。

在煤矿实际的工程应用中，为保证煤层瓦斯的抽采效果，通常都采用密集钻孔的均匀布置方法，如图 5-3 所示，钻孔为矩形排列或平行四边形排列等布置方法。从图 5-3 中可以看到，矩形排列钻孔中间有较大的空白区域，平行四边形排列钻孔之间构成的空白区域减小，但仍存在钻孔无法影响到的区域——"盲区"。"盲区"内的瓦斯不能完全抽采，留下了安全隐患。因此，理想的瓦斯抽采钻孔影响范围为瓦斯有效抽采半径的相交，才能达到消除"盲区"，有效抽采区域煤层瓦斯的作用。

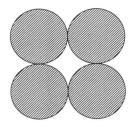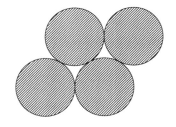

图 5-3　钻孔布置分析示意

为使抽采钻孔的影响范围合理相交，又不使钻孔影响区域重叠过多，建立如图 5-4 所示的钻孔影响区域相交图形，并以此建立钻孔影响区域模型。在钻孔有效抽采半径一定的前提下,设三个圆的面积分别为 S_A、S_B、S_C,相交后的总面积为 S_{ABC},每两个相交圆的公共面积分别为 S_{AB}、S_{AC}、S_{BC},则总面积 S 为:

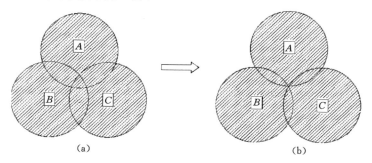

图 5-4　钻孔优化布置分析示意

$$S = S_A + S_B + S_C - S_{AB} - S_{AC} - S_{BC} - S_{ABC} \tag{5-12}$$

为使钻孔影响区域相交后重叠最少,即三个圆的公共面积 $S_{ABC}=0$,则相交后的总面积 S 为最大,如图 5-4(b)所示。为计算三个圆相交后的钻孔间距,长度及高度,设相交后三个圆的实测有效半径为 R,圆心角分别为 α、β、γ,如图 5-5 所示,则模型表达式为:

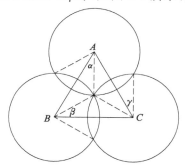

图 5-5　钻孔间距计算示意

$$\begin{cases} S = 3\pi R^2 - \left[(\alpha R^2 - R^2 \sin \alpha) + (\beta R^2 - R^2 \sin \beta) + (\gamma R^2 - R^2 \sin \gamma) \right] \\ \alpha + \beta + \gamma = \pi \\ S = 2\pi R^2 + R^2 (\sin \alpha + \sin \beta + \sin \gamma) \end{cases} \tag{5-13}$$

根据式(5-13),当且仅当 $\alpha = \beta = \gamma = 60°$,即三个圆心的连线组成一个等边三角形时,三个圆相交后的总面积最大,即 $S_{\max} = \left(2\pi + \dfrac{3\sqrt{3}}{2} \right) R^2$,此时钻孔间距为 $\sqrt{3}R$。煤层抽采区域的有效控制范围应相接或稍有重叠,不留孤岛,钻孔间距应均匀。三个圆相交后的横向方向长度为 $(2+\sqrt{3})R$,高度为 3.5R。因此,在 $\left(2\pi + \dfrac{3\sqrt{3}}{2} \right) R^2$ 的区域需布置三个抽采钻孔,才能无"盲区"地有效抽采煤层瓦斯。

三、煤层瓦斯抽采钻孔优化布置

(一)煤层水力压裂前穿层抽采钻孔的优化布置

煤层在进行穿层钻孔水力压裂时,依据水平地应力的关系,水压主裂缝的扩展方向与最大水平主应力方向存在一定的夹角,据此可判定主裂缝扩展延伸的范围,并根据压裂模型确定裂缝的长度。假设水压裂缝形态为椭圆形,缝长远大于缝高,且两翼对称分布,裂缝面为垂直面。因此,依据泵注水量及时间的多少确定水压裂缝的长度范围,然后根据水平主应力之间的比值关系确定裂缝延伸的方向区域。由此,在主裂缝长度、扩展方向及椭圆形裂缝周围卸压区(塑性区)确定的情况下,可以对压裂煤层的穿层抽采钻孔进行优化布置。按照前述的钻孔布置方式,假定以水压主裂缝为中心线,在裂缝周围卸压区范围内布置抽采钻孔,如图5-6所示。

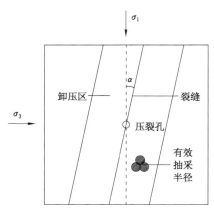

图 5-6　穿层钻孔优化布置图

在钻孔周围形成一定范围的卸压区域,在卸压区域内瓦斯渗透性大,有效抽采半径增大,而在卸压区域外则以原来的瓦斯有效抽采半径进行布置,钻孔布置方式如图5-6所示。在水压裂缝周围的卸压区内按照优化的钻孔布置方法,布置瓦斯抽采钻孔。

(二)水力压裂后,煤层顺槽顺层抽采钻孔的优化布置

水力压裂后的煤层进行掘进与回采时,以压裂孔位置为中心,形成垂直的主裂缝面。根据考察或理论计算得到的水压裂缝长度与扩展方位,及瓦斯流量法测定的压裂煤层有效抽采半径,进行压裂煤层的抽采钻孔优化布置。以一个水力压裂孔形成的裂缝长度为例进行抽采钻孔的优化布置。假设裂缝长度,裂缝与最大水平主应力的夹角不变,则压裂后的煤层顺槽顺层钻孔布置分两种情况。

① 抽采钻孔垂直于水平最大主应力方向,即平行于最小水平主应力方向。

当回采工作面顺槽与最大水平主应力方向一致时,水压裂缝与顺层钻孔关系如图5-7所示。此时,对抽采钻孔的优化布置主要体现在钻孔的终孔位置及有效抽采半径的扩大。根据优化的抽采钻孔孔间距布置钻孔位置,终孔位置的最长距离到水压裂缝面,实际上钻孔终孔于卸压区域即可。卸压区水压主裂缝的抽采钻孔最大长度由式(5-14)计算。

$$L_{k1} = L_{m1} + L_{m2} = L_{m1} + L_f \sin \alpha \tag{5-14}$$

式中　　L_{k1} ——抽采钻孔长度,m;

　　　　L_{m1} ——煤壁到水压裂缝最小水平主应力方向段投影的长度,m;

　　　　L_{m2} ——水压裂缝段到最小水平主应力方向投影的长度,m;

　　　　α ——水压裂缝延伸方向与最大水平主应力方向夹角,(°);

　　　　L_f ——水压裂缝长度,m。

此时对抽采钻孔的优化,一是压裂后煤层透气性增大,有效抽采半径增大,使抽采钻孔

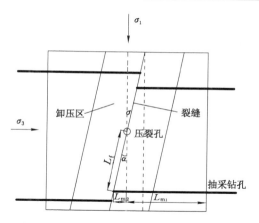

图 5-7　抽采钻孔平行于 σ_3 方向的优化布置

的孔间距扩大，减少了钻孔工程量；二是根据水压裂缝的扩展方向，抽采钻孔终孔于卸压区的位置不同，对煤层采用深浅不同的钻孔布置方法抽采瓦斯，可减少钻孔的钻进深度。

　　② 抽采钻孔平行于水平最大主应力方向，即垂直于最小水平主应力方向。

　　当采煤工作面顺槽与最大水平主应力方向垂直，即与最小水平主应力平行时，水压裂缝与顺层钻孔关系如图 5-8 所示。此时卸压区裂缝的抽采钻孔最大长度由式（5-15）计算。

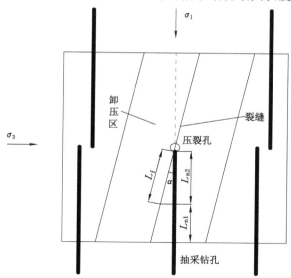

图 5-8　抽采钻孔平行于 σ_1 方向的优化布置

$$L_{k2} = L_{n1} + L_{n2} = L_{n1} + L_f \cos \alpha \tag{5-15}$$

式中　L_{k2} ——抽采钻孔长度，m；

　　　L_{n1} ——煤壁到水压裂缝最大水平主应力方向投影段的长度，m；

　　　L_{n2} ——水压裂缝段最大水平主应力方向段投影的长度，m。

　　此种方法优化钻孔，一方面根据瓦斯流量法测定压裂煤层有效抽采半径，然后在水压裂缝卸压区域内，以有效抽采半径布置钻孔；在水压裂缝未影响的区域按照钻孔间距为 $\sqrt{3}R$

布置钻孔,两种方法结合起来,既增加瓦斯抽采量,还可以减少钻孔工程量。另一方面在压裂影响的卸压区域,抽采钻孔的终孔位置相对较短,可以减少钻孔的钻进深度。

第四节 煤层水力压裂工艺研究

一、煤层水力压裂工艺研究概况

煤层瓦斯抽采的关键问题是如何提高瓦斯抽采率,主要包括2个方面内容:① 技术方面,包括钻孔的设计参数和抽采设备自身的技术指标;② 煤层自身的性质,主要指煤层自身的渗透率。从目前瓦斯灾害治理的研究现状来看,对煤层瓦斯抽采的关键问题是如何提高煤层的渗透率。从安全和应用效果来看,水力压裂能够较好地解决这一问题。煤层水力压裂可使煤体的力学性质发生明显变化、煤体的弹性和强度减小、塑性增大,从而使工作面前方的应力分布发生变化,而且能使工作面的应力集中带向煤体深部推移,因而能缓解由地应力参与作用的煤与瓦斯突出,可以消除或降低煤层和工作面的突出危险。当压裂停止后,由于大量瓦斯被高压水挤排出去,煤体瓦斯含量降低,瓦斯涌出量减少,从而减少了工作面和上隅角瓦斯超限次数。同时水力压裂使煤体润湿,减少了采煤过程和煤炭运输过程中产生的煤尘。煤层水力压裂是一个逐渐湿润煤体、压裂破碎煤体和挤排煤体中瓦斯的注水过程。在注水的前期,注水压力和注水流量随注水时间延长呈线性升高;随后,注水压力与流量随注水时间变化反向变化,并呈波浪状。这直观反映出在注水初期,具有一定压力和流速的压力水通过钻孔进入煤体裂隙,克服裂隙阻力运动。当注入的水充满现有裂隙后,水流动受到阻碍,由于煤体渗透性较低,导致水流量降低,压力增高而积蓄势能;当积蓄的势能足以破裂煤体形成新的裂隙时,压力水进入煤体新的裂隙,势能转化为动能,导致压力降低,水流速增加,如此循环直至压裂结束。

煤层水力压裂工艺主要有本煤层顺层水力压裂工艺和穿层水力压裂工艺等工艺方法。采煤工作面本煤层顺层钻孔水力压裂工艺是在进风顺槽和回风顺槽对向施工压裂钻孔,然后封孔实施水力压裂,并抽采瓦斯。掘进面顺层钻孔水力压裂是在掘进面两侧交替施工压裂钻场,进行本煤层长钻孔的水力压裂作业,然后抽采瓦斯。两者都适用于煤体结构 GSI>45 的煤层。针对"软煤"(GSI<45)的压裂工艺,郭红玉提出采用"虚拟储层"的方法,水力压裂软煤层的顶底板,使煤层顶底板破裂与煤层沟通,形成瓦斯运移通道,抽采煤层顶底板中的瓦斯。

根据煤层水力压裂对瓦斯的驱赶效应,程庆迎[126]提出了一种深孔水力压裂驱赶瓦斯与浅孔抽采瓦斯的区域消突工艺。结合水力压裂与一些辅助措施的技术优势,付江伟[53]提出了水力压裂的强化控制方法:设计双孔或多孔进行组合压裂、定向钻孔控制压裂、预先水力割缝导向压裂、水力喷射辅助压裂及开楔形环槽定向水力压裂等。

二、煤层水力压裂可行性研究

煤层不同于石油天然气行业的油页岩、致密储气砂岩、页岩等岩石储层,而是一种多孔隙、裂缝发育的双重孔隙介质体,煤岩弹性模量小、泊松比大,在压裂时易形成短而宽的裂缝。此外,煤层强度低(脆、软、易破碎),本身存在着割理、劈理系统,导致压力水滤失严重,还易发生煤尘嵌入裂隙的情况,造成裂缝的导流能力低下。因此,并非所有煤层都适合水力压裂。

申晋等[69]进行了大量室内三维应力下的控制压裂试验与数值模拟,认为水力压裂技术仅适用于相对坚硬的裂缝性储层,而像煤一样较软的孔隙性裂隙储层,水力压裂作用十分有限,甚至没有效果。郭红玉[108]依据焦作工学院瓦斯地质研究所的分类标准,把煤体结构划分为四类,根据地质强度指标 GSI 与渗透率的正态分布变化关系,如图 5-9 所示。认为Ⅰ类原生结构煤和Ⅱ类碎裂煤具有较高的 GSI,渗透率有可能增大,即硬煤适合压裂增透;Ⅲ类碎粒煤和Ⅳ类糜棱煤降低 GSI 值后,渗透率急剧降低,即软煤不适合水力压裂。

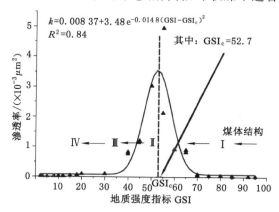

图 5-9　不同煤体结构的渗透率与 GSI 的关系曲线

因此,井下进行煤层水力压裂施工作业,应首先对煤岩的力学强度进行测试,硬煤可用于压裂,而软煤可以采取其他方式增加透气性,如煤层注水等措施。

三、煤层水力压裂方式的选择

煤层水力压裂方式的选择还受地质因素的影响,在一些单一煤层中进行压裂相对简单,而在煤层群中进行压裂就需要考察压裂煤层与其他煤层的层位关系,选择多层分层压裂,还是多层联合压裂或单一煤层压裂等,这就需要考察煤层压裂的地质因素。一般在煤层顶底板较坚硬,煤层层间距较近的情况下,可以考虑多层联合压裂;层间距稍远时,可以考虑多层分层压裂;层间距较远时,可选择单一煤层压裂等。同时,对于较薄的煤层,要使水力压裂所产生的裂缝在煤层内得到充分延伸,需要对缝高控制因素和顶底板的有效厚度进行研究,以选择合适的压裂方法。

水力压裂过程中的缝高是影响裂缝在产层中扩展延伸的重要影响因素,除了缝高控制技术,还需要对缝高产生的原因进行分析。研究表明,储层间地应力差与裂缝高度有密切关系[252],随着隔层、储层间地应力差值的增大,裂缝高度减小,当地应力差值大于 2～3 MPa 以后,随隔层、储层地应力差值的增大,裂缝高度的减小趋势变缓。此外,顶底板的力学特性影响裂缝高度的增长,当顶底板的弹性模量大于煤岩的弹性模量,且差值在 $(0.01～0.48)×10^5$ MPa 时,有利于控制缝高。压裂施工的泵排量也对缝高有影响,若储层与隔层间存在较大的应力差,则排量对裂缝高度的影响相对较小;若储层与隔层间地应力差值较小,则压裂施工排量对裂缝高度的影响较大;排量较大的泵压可能造成煤层顶底板的压裂,形成较高的裂缝。

因此,在进行水力压裂施工作业前,要对煤层及顶底板的力学性质进行测试,还需要了解煤层及顶底板的地应力状况,以便合理地选择水力压裂方式。

四、煤层水压裂缝监测与效果评价

煤层进行水力压裂增透措施后,要了解水压裂缝在煤层中扩展延伸状况、压裂效果如何,就需要对煤层压裂的裂缝进行监测及压裂效果进行评价。

（1）裂缝监测方法

常用的裂缝监测方法主要有:

① 测试煤体含水量变化。在煤层水力压裂前后采用打钻的方法,测试钻屑含水量的变化,以此对比分析煤层压裂前后水分的变化确定裂缝的范围。

② 大地电位法。在压裂区域布置测点,利用地层与压裂液体之间电性差异所产生的电位差,来分析压裂前后压裂区域电位变化圈定水力压裂的影响范围。

③ 瞬变电磁法。瞬变电磁法[253]以岩石的导电性差异为基础,利用不接地回线或接地线源向地下发送一次脉冲场,在一次脉冲场间歇期间利用回线或电偶极接收感应二次场,观测二次信号随时间变化效应,分析判断地下地层电性变化及不均匀地质体分布情况,可作为水力压裂半径的探测手段。

④ 微震法。水力压裂前在钻孔周围一定范围内埋设微震信号探测器,收集煤层在水力压裂过程中破裂所发出的微震信号,以此对裂缝延伸方位和长度进行实时监测,可直接得出压裂半径和压裂影响范围。

⑤ 示踪法。在压裂液中添加示踪剂,随着压裂液注入煤层,在压裂孔周围一定范围打检验孔并收集排出的钻屑,检测钻屑是否含有示踪剂,便可获得压裂半径。

⑥ 泵注参数记录。泵注参数是判断水力压裂过程最直接的参数,是反映裂缝扩展延伸与压裂作业正常与否的重要依据。泵注参数包括泵入压力、排量、总液量和时间等数据,其中压力、排量与时间是判断煤层破裂和裂缝延伸的重要数据,可根据三者关系判定裂缝的扩展范围。

（2）效果评价

实施水力压裂后,煤层的透气性是否增大,压裂效果如何,需要对压裂后煤层进行效果评价。常用的评价方法有:

① 压裂前后煤层瓦斯参数的变化

包括瓦斯含量、钻孔瓦斯流量、钻孔流量衰减系数、煤层透气性系数、钻屑量、瓦斯放散初速度等瓦斯测试指标,通过这些指标的变化,确定煤层瓦斯压力、瓦斯含量的变化,以此判断煤层压裂效果。

② 压裂前后压裂孔两侧巷道的尺寸特征

穿层压裂煤层时观测压裂孔及附近是否出水,顺层压裂煤层时观测压裂孔附近煤壁是否出水,巷道是否变形等,并通过考察孔确定压裂效果与压裂半径。

③ 瓦斯抽采参数变化

对压裂煤层进行封孔后联网抽采,测试压裂后煤层的瓦斯抽采量、抽采负压及瓦斯抽采浓度等参数变化情况,对比邻近区域未压裂煤层的瓦斯抽采数据,考察压裂效果。

五、煤层水力压裂工艺研究

煤层进行水力压裂,常用的方法是选择压裂煤层进行打钻,布置压裂孔,然后封孔连接压裂泵进行煤层压裂。其工艺重点是封孔方法及封孔材料的研制,及结合其他辅助手段配合压裂,最终达到煤层压裂增透的目的。而煤层压裂过程中的裂缝扩展方向与最后水压裂缝的形态是煤层卸压增透能否达到效果的重点,地应力对水压裂缝扩展延伸方向起着至关重要的作用。因此,煤层进行水力压裂应考虑地应力的影响,并据此预测裂缝方位,合理布置瓦斯抽采钻孔,达到煤层压裂与瓦斯抽采相结合。为此,本书对通常采用的水力压裂工艺进行了改进,即结合地应力作用,预测水压裂缝扩展规律,根据裂缝形态及扩展方向,确定裂缝的卸压影响区域,然后对瓦斯抽采钻孔进行优化布置,形成煤层压裂与瓦斯高效抽采相结合的压裂抽采工艺系统,如图 5-10 所示。

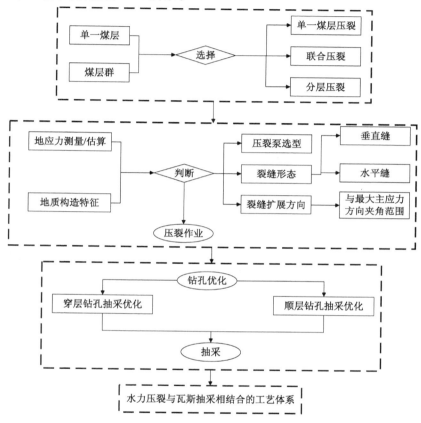

图 5-10　地应力作用下的水力压裂工艺体系

　　具体做法:首先选择压裂煤层区域,根据煤层间距选择煤层压裂方式,单层压裂、分层压裂与联合压裂等;其次测定压裂煤层地应力,或估算压裂煤层垂向地应力,根据煤层三向地应力分布特征,判定煤层压裂的裂缝形态及裂缝扩展方向,并选择合适的压裂泵进行水力压裂作业;再次依据裂缝周围卸压区域,及压裂煤层的有效抽采半径,对瓦斯抽采钻孔进行优化布置;最后对压裂后的煤层进行效果考察与评价。最终根据煤层赋存情况选择压裂方法,然后估算或测定压裂煤层地应力,判断裂缝形态及扩展方向,进行压裂施工作业,并进行瓦斯抽采钻孔的优化布置,抽采瓦斯,形成一套地应力作用下的"选择-判断-压裂-钻孔-抽采"相结合的一体化水力压裂与瓦斯抽采的工艺体系。

第六章 煤层水力压裂的工程应用

煤层进行水力压裂前,首先要考察压裂煤层的基本情况,了解压裂煤层的力学特性、顶底板岩性,以及与上下煤层间的间距情况,然后选择合适的压裂方法。煤层进行水力压裂作业时,压力水进入煤体后,对煤岩与瓦斯的物理作用比较复杂,一方面对煤体结构进行改造,增加了煤层透气性[254];另一方面高压水进入煤体裂隙、孔隙既具有驱赶煤层中游离瓦斯的作用,又具有抑制煤层瓦斯涌出的"闭锁效应",水对煤层瓦斯具有正效应与负效应的相互作用。因此,水对煤层瓦斯的增透与抑制还存在诸多需要研究的地方。但是,水力压裂可以改善煤层的应力状态,软化煤体,减少煤尘的产生等,进一步降低煤与瓦斯突出发生的概率。

由于煤体具有多孔介质的特性,在受力破坏后,裂缝面凹凸不平导致裂缝即使在围压作用下也并不能完全闭合[255],还是存在一定的裂隙孔隙,这也为煤层瓦斯的渗流提供了通道,还在某种程度上起到卸压作用。因此,水力压裂的煤层会产生与地应力有关的裂缝扩展形态,对煤层的卸压增透与防治突出起到一定作用。

重庆能源集团松藻煤电公司逢春煤矿为煤与瓦斯突出矿井,随着矿井向深部开采,煤层透气性降低,瓦斯压力、瓦斯含量增大,实施瓦斯抽采作业非常困难,已严重影响到了矿井的采掘部署接替[256]。为了有效治理煤层瓦斯,该矿近年来开展了水治瓦斯项目,引进了水力压裂、中压注水等水力化措施治理瓦斯的方法,在穿层网格钻孔、穿层条带钻孔、石门揭煤预抽钻孔中进行了高压水力压裂试验,并将其进行了推广应用。

第一节 逢春煤矿 M6-3 煤层水力压裂工程应用

一、S2611 工作面下巷压裂概况

本次水力压裂地点为 S2611 工作面(M6-3 煤层)的回采巷道,压裂前尚未施工任何抽采钻孔,其井下标高为＋383 m,地面标高＋876～＋900 m 之间,埋深 493～517 m。压裂区内 M6-3 煤层为黑色半暗煤,质硬,似金属光泽,参差状断口,结构简单,呈层状、块状,内生裂隙发育;底板为灰色砂质泥岩、钙质泥岩、泥灰岩,顶板为炭质泥岩。根据地勘资料,＋380S2 区瓦斯赋存情况,该区域 M6-3 煤层瓦斯含量为 14.20 m³/t,瓦斯含量较高,瓦斯压力大,煤层透气性较低,在这种高压力、低透气性瓦斯赋存条件下表现出煤层透气性差,衰减性快,抽采瓦斯困难。这种情况会给矿井安全开采带来很大隐患,而对煤层进行增透能够让这些问题迎刃而解,对安全开采十分重要。

煤层压裂增透技术,主要是通过高压水压裂煤层,使煤层产生裂隙,高压水的注入,势必破坏原有煤层结构,在注入高压水的过程中,压裂区域属于增压区。然而,在划定的控制范围内当达到一定的水压,水压裂缝与事先布置的观测孔导通后,不仅有部分压裂水会从观测孔内流出,同时也会伴随高浓度瓦斯溢出,此刻,压裂控制范围从开始的增压区演变成为卸

压区。那么,压裂控制范围以外的区域由于受高压水力的挤压,会形成一个围绕压裂控制范围的高压区域,为了防止人为形成的高压区域威胁今后的生产安全,最为有效的手段是压裂结束后及时施钻接抽,通过抽采,将高压区不断向卸压区涌入的瓦斯及时抽出,同时也体现出了压裂增透技术是将煤层吸附瓦斯变为游离瓦斯,增加抽采效果的宗旨。因此,决定采用水力化措施增加煤层透气性。

压裂泵选用南京六合的 BZW200/56 型压裂泵双泵并联,BZW200/56 型压裂泵技术参数为:公称流量 200 L/min,公称压力 56 MPa,柱塞直径 40 mm,柱塞行程 64 mm,供水采用DN50 mm 水管,水压 0.1 MPa 以上。压裂泵安设在＋380S1 平石门绕道的新鲜风流中,水表安设在压裂泵的进水侧,将井下供水管连接至高压注水泵的水箱进水口,常压水通过压裂泵加压后,采用 ϕ25 mm 高压胶管,以及快速接头连接到压裂钻孔内部的高压封孔管上,再通过高压封孔管将高压水流输送至钻孔内(压裂孔孔口处的高压封孔管上必须安设高压闸门、卸压阀等)。水力压裂作业的巷道布置示意如图 6-1 所示。

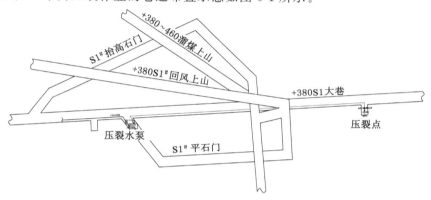

图 6-1　水力压裂巷道布置示意

二、水力压裂钻孔设计及压裂过程

在＋380S2 区大巷钻场内施工 S2611 工作面下巷的条带预抽钻孔,钻孔按 10 m×5 m进行布置,控制掘进巷道(S2611 工作面下巷)沿煤层倾斜方向上方 20 m,下方 10 m。选择处于控制范围中间的 8# 钻孔作为压裂钻孔,其余钻孔作为检验兼预抽钻孔,条带压裂钻孔及检验钻孔设计如图 6-2 所示。所有钻孔均终孔于 M6-3 煤层顶板,压裂钻孔封孔至 M6-3煤层底板 0.5 m,采用高压封孔管、普通水泥、白水泥对其进行封堵,水泥和白水泥按3.5∶1的配比,封孔深度以到 M6-3 煤层底板为准,仅对 M6-3 煤层实施压裂,压裂钻孔封孔方法如图 6-3 所示。

待封孔材料凝固后,就可以进行高压水力压裂作业。压裂施工时,首先将泵压的静压调至其最大压力值的 90% 左右,即 50 MPa,为水泵压裂过程中的憋压等提供持续压力。否则,最大静压力太小,压裂过程中泵压超过一定压力容易产生过压保护而卸压影响压裂作业。随后检查设备安全可靠性及作业人员是否到位,然后打开水泵开始实施压裂作业。2012 年 5 月 27 日至 6 月 15 日,分别对＋380S2-5、S2-9、S2-13、S2-18 钻场的 4 个压裂孔进行压裂,共计压入水量 1 075 m³,平均单孔压入水量 268.75 m³,压力 13.8～30 MPa,根据现场注水量统计得出实际注水流量为 16.8 m³/h,压裂地点及注水参数见表 6-1,其中＋380S2-9 一次夜班压裂作业中,注水压力-注水量关系曲线如图 6-4 所示。

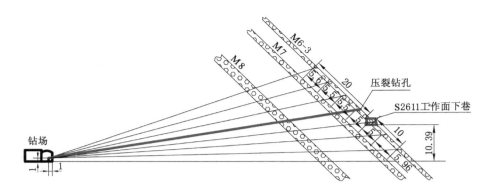

图 6-2　压裂钻孔及检验钻孔设计图（单位：m）

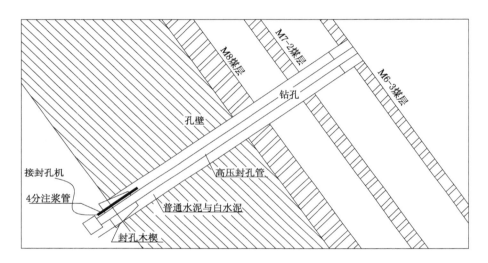

图 6-3　压裂钻孔封孔示意

表 6-1　＋380S2 区钻场水力压裂统计表

压裂地点	压裂日期	压裂时间/min	实际压裂层位	压裂主要参数		
				主泵压力/MPa	流量/(m³/h)	注水量/m³
380S2-5 钻场	5 月 27 日至 5 月 2 日	1 492	M6-3	17～31	18.5	276
380S2-9 钻场	6 月 2 日至 6 月 8 日	1 684	M6-3	12～30	19.0	321
380S2-13 钻场	6 月 22 日至 6 月 2 日	1 168	M6-3	14.3～25	14.5	169
380S2-18 钻场	6 月 11 日至 6 月 1 日	2 040	M6-3	12～32	15.1	309

三、煤层压裂的影响范围分析

（一）煤层压裂的影响范围

煤层压裂的影响范围通过测定压裂前后煤层水分含量的变化进行确定，煤层压裂后压力水达到的区域，煤层水分含量增加，由压裂前后煤层水分含量的变化来判断压裂的影响区域。制约煤层压裂水流动范围的因素非常多，任何一个或者几个因素都会对水力压裂效果

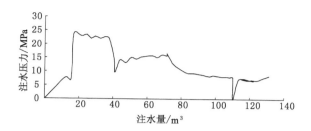

图 6-4　注水压力-注水量关系曲线

产生影响,甚至导致水力压裂的失败。而众多因素可以分为两大类,一类是主观因素,即人为可以改变、调整的因素;另一类是客观因素,即客观存在的地质条件和其他相关因素,这些条件是实施水力压裂技术前后无法人为改变的。

主观因素指压裂技术工艺方面,主要有泵注压力、注水量、封孔质量、钻孔位置等。泵注压力是水力压裂能否达到预期效果的直接因素之一,作为克服煤岩最大拉应力、破裂煤岩的唯一动力,泵注压力起着至关重要的作用。泵注压力过小无法起到破裂煤岩的作用,导致压裂失败;泵注压力过大可能诱导煤体突出,造成安全事故。所以根据煤岩的力学特性确定合适的泵注压力至关重要。注水量是水力压裂达到预定效果的直接因素之一,作为煤岩破裂后,裂隙和弱面扩展、贯通的充填物,注水量的大小也非常关键。注水量过小起不到裂隙扩展、贯通的作用。所以根据压裂经验和理论确定合适的注水量。封孔质量是水力压裂顺利进行的基本因素之一,封孔质量的低劣会造成压力持续过低,高压水明显滤失,直接导致水力压裂的失败。钻孔位置是水力压裂成功与否的基本因素之一,压裂钻孔最终打钻位置是否符合要求非常重要。如果打钻完成后钻孔因为一些原因没有达到预定位置或者钻孔偏离预定位置,都会使后期水力压裂的实施变得毫无意义。

客观因素指煤岩所处位置的外界地质条件以及煤岩自身的力学性质和物理性质,客观因素主要有:围压、地应力、煤岩力学特性(拉应力)、煤岩渗透率、煤岩孔隙率等。围压是指煤岩受水平两个方向上的压应力,由此得出围压与水力压裂过程中破裂煤岩的压力是相反的,因此围压的大小直接影响了破裂压力的大小,围压大相应的泵注压力就大,否则会出现压裂范围过小,甚至压裂不成功的状况。地应力指煤岩的上覆岩层垂直向下的压应力,地应力与水力压裂过程中破裂煤岩的压力是反作用力,因此地应力的大小直接影响了破裂压力的大小,地应力大相应的泵注压力就大。煤岩拉应力是重要的煤岩力学性质,煤岩的拉应力与水力压裂煤岩破裂压力息息相关,所以拉应力的大小直接影响了破裂压力,拉应力较大时,泵注压力不提高会造成煤岩破裂程度不足,甚至无法破裂的状况。煤岩体中原本存在的宏观裂隙一般比较发育,会与煤层顶板、底板或断层等其他区域贯通。如果在压裂区域范围内存在上述原生裂隙,那么这些裂隙就成为注入高压水的卸压通道,高压水将沿此裂隙流到其他区域,造成高压水的流失,在压裂区域形成不了足够的压力来破裂煤岩体,更起不到压裂造缝的作用,煤层压裂也无法顺利进行。煤岩渗透率是指煤岩在一定的水力梯度作用下,水穿透煤岩的能力,它间接反映了煤岩体中裂隙间相互连通的程度。较好的煤岩渗透性能达到较大的水力压裂影响范围,反之将制约水力压裂的影响范围。煤岩孔隙率是煤岩中微裂隙发育程度的指标,与煤岩渗透率是相辅相成的。孔隙率大,煤岩中微裂隙比较发育,煤岩渗透率增加,相反,煤岩中微裂隙不发育,煤岩渗透率降低,将制约水力压裂影响范围。煤岩层孔隙压力是作用在煤岩孔隙内流体的压力,该因素对弱面和裂隙的扩展、贯通起到重要的作用。

水力压裂有效影响范围可以通过压裂液的影响范围或者裂隙发育情况进行确定,目前没有统一的确定方法,TEM探测技术、微震和瞬变电磁、多频同步电磁波层析成像(CT)技术等方法、技术常被用来分析研究水力压裂煤层的有效影响范围。

各压裂钻场检验钻孔布置在相邻两个钻场内,水力压裂完成后,即开始施工检验钻孔并采用DGC瓦斯含量快速测定仪测定煤层的瓦斯含量及水分。距压裂孔远部的检验孔见水情况如图6-5所示,从中可以看出,压裂后煤层见水钻孔距压裂点最远钻孔为S2-3钻场的41#孔,距离为63.5 m,表明该钻孔区域为压裂的最远影响范围。

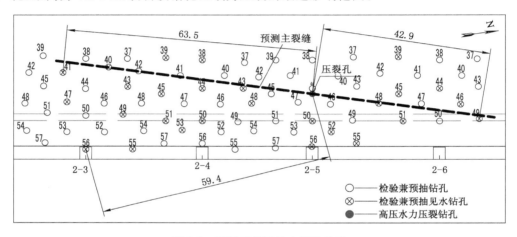

图6-5　压裂后煤层见水钻孔示意

(二)煤层水压裂缝扩展规律分析

依据逢春煤矿水平最小、最大主应力比值为0.47,由试验规律得出水压裂缝扩展延伸方向与最大水平主应力方向夹角为30°左右,水平最大主应力方向为北西向。据此,预测逢春煤矿水力压裂的主裂缝扩展延伸方向如图6-5所示。从中可以看出,水压主裂缝的扩展延伸方向基本与现场测定的最远见水钻孔与压裂孔连线的方向相吻合,表明地应力在现场实际的水力压裂作业中,影响着水压主裂缝的扩展延伸方向。为进一步考察水压主裂缝延伸方向的可靠性,以预测水压裂缝面为基准,取其不同距离处的钻孔瓦斯抽采量,见表6-2。比较距预测裂缝面不同距离处的钻孔单孔瓦斯抽采量来考察水压主裂缝的可靠性,钻场单孔平均抽采纯量与预测裂缝面距离的关系曲线如图6-6所示。从中可以看出,随着距预测水压裂缝面距离的增加,单孔平均瓦斯抽采纯量呈下降趋势,表明预测的水压主裂缝是存在的,其远处的钻孔瓦斯抽采纯量逐渐减少。

表6-2　预测裂缝面不同距离的单孔瓦斯抽采量统计表(时间:100 d)

距裂缝面距离及累计瓦斯抽采量	钻场S2-3		钻场S2-4		钻场S2-5	平均值
预测裂缝面	40#	42#	41#	43#	48#	—
累计抽采纯量/m³	1 203	925	1 081	1 029	938	1 035

表 6-2（续）

距裂缝面距离及累计瓦斯抽采量	钻场 S2-3		钻场 S2-4			钻场 S2-5			平均值
上下 2 m	38#	41#	40#	42#	44#	45#	46#	47#	—
累计抽采纯量/m³	733	988	717	1 186	914	857	948	1 150	937
上下 4 m	37#	43#	39#	48#	—	41#	43#	—	
累计抽采纯量/m³	871	1 136	821	884	—	1 196	823	—	955
上下 6 m	44#		37#	38#	46#	40#	49#	—	
累计抽采纯量/m³	871		1 136	821	884	991	658	—	894
上下 8 m	48#		47#			38#	39#	42#	
累计抽采纯量/m³	841		980			637	902	763	825
上下 10 m	46#	47#	37#	49#	50#	37#	52#	53#	
累计抽采纯量/m³	690	568	709	541	839	420	853	800	678

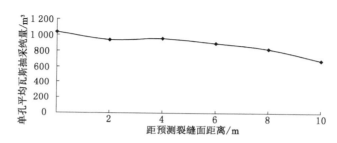

图 6-6　单孔平均瓦斯抽采纯量-预测裂缝面距离关系曲线

（三）抽采钻孔优化设计

根据水平最小、最大主应力的关系，及水平最大主应力的方位，预测水压主裂缝的扩展延伸方向，并据此在水压主裂缝的周围采用相对较少的瓦斯抽采钻孔，而获得较大的瓦斯抽采量，从而可以减少钻孔工程量。

四、压裂效果评价

M6-3 煤层的压裂效果是与未压裂煤层区域的瓦斯抽采浓度、抽采纯量等比较获得的。

（一）抽采瓦斯量的比较

压裂后，＋380S2 区钻场预抽钻孔接入矿井抽采系统，各钻场抽采瓦斯统计结果见表 6-3 至表 6-5。未压裂的＋380N2 区控制的 N2621 工作面，由于抽采时间过长，统计了接抽后 3 个月的抽采情况，见表 6-6 至表 6-8。

表 6-3　＋380S2-3 钻场瓦斯抽采情况表　（接抽日期：6 月 25 日）

测定日期	负压/Pa	浓度/%	纯量/(m³/min)	累计抽采时间/h	累计抽采量/m³	单孔平均抽采量/(m³/d)	在抽孔数/个
6 月 26 日	17 344	53	0.31	24	446.4	8.27	54
7 月 30 日	20 279	52	0.29	840	14 731.2	7.73	54
8 月 27 日	20 679	53	0.30	1 512	27 057.6	8.00	54

表 6-3(续)

测定日期	负压/Pa	浓度/%	纯量/(m³/min)	累计抽采时间/h	累计抽采量/m³	单孔平均抽采量/(m³/d)	在抽孔数/个
9 月 23 日	17 344	66	0.4	2 160	40 449.6	10.67	54
10 月 23 日	21 747	56	0.32	2 880	54 561.6	8.53	54
11 月 12 日	24 415	68	0.39	3 360	65 793.6	10.40	54
平均	—	57	0.32	—	—	8.61	—
累计	—	—	—	—	65 793.6	—	—

表 6-4　＋380S2-4 钻场瓦斯抽采情况表　（接抽日期：7 月 27 日）

测定日期	负压/Pa	浓度/%	纯量/(m³/min)	累计抽采时间/h	累计抽采量/m³	单孔平均抽采量/(m³/d)	在抽孔数/个
7 月 30 日	20 279	57	0.33	96	1 872	7.79	61
8 月 27 日	20 679	47	0.26	768	13 233.6	6.14	61
9 月 23 日	17 344	60	0.35	1 416	25 344	8.26	61
10 月 23 日	22 014	58	0.33	2 136	39 024	7.79	61
11 月 12 日	24 415	70	0.41	2 616	50 832	9.68	61
平均	—	57	0.32	—	—	7.63	—
累计	—	—	—	—	50 832	—	—

表 6-5　＋380S2-5 钻场瓦斯抽采情况表（接抽日期：8 月 2 日）

测定日期	负压/Pa	浓度/%	纯量/(m³/min)	累计抽采时间/h	累计抽采量/m³	单孔平均抽采量/(m³/d)	在抽孔数/个
8 月 27 日	20 679	55	0.31	604	10 992.0	7.97	56
9 月 23 日	17 344	51	0.29	1 252	23 188.8	7.46	56
10 月 23 日	22 014	57	0.32	1 972	37 444.8	8.23	56
11 月 12 日	24 415	55	0.30	2 452	46 228.8	7.71	56
平均	—	55	0.31	—	—	7.93	—
累计	—	—	—	—	46 228.8	—	—

表 6-6　＋380N2-11 钻场瓦斯抽采情况表　（接抽日期：2 月 22 日）

测定日期	负压/Pa	浓度/%	纯量/(m³/min)	累计抽采时间/h	累计抽采量/m³	单孔平均抽采量/(m³/d)	在抽孔数/个
2 月 28 日	16 944	35	0.2	144	1 699.2	5.616	51
3 月 31 日	10 940	36	0.21	888	11 563.2	5.904	51
4 月 23 日	10 673	30	0.18	1 440	18 748.8	5.040	51
5 月 23 日	11 607	38	0.22	2 160	28 857.6	6.192	51
平均	—	37	0.22	—	—	6.192	—

表 6-7　＋380N2-12 钻场瓦斯抽采情况表　（接抽日期:1 月 13 日）

测定日期	负压/Pa	浓度/%	纯量/(m³/min)	累计抽采时间/h	累计抽采量/m³	单孔平均抽采量/(m³/d)	在抽孔数/个
1 月 29 日	7 738	27	0.16	386	3 571.2	5.184	45
2 月 28 日	16 944	29	0.16	1 110	10 968.0	5.184	45
3 月 31 日	10 940	28	0.16	1 854	18 945.6	5.184	45
4 月 13 日	9 339	30	0.18	2 166	22 401.6	5.760	45
平均		29	0.17	—	—	5.472	—

表 6-8　＋380N2-13 钻场瓦斯抽采情况表　（接抽日期:1 月 12 日）

测定日期	负压/Pa	浓度/%	纯量/(m³/min)	累计抽放时间/h	累计抽采量/m³	单孔平均抽采量/(m³/d)	在抽孔数/个
1 月 29 日	7 605	30	0.18	408	4 377.6	5.760	45
2 月 28 日	16 277	25	0.14	1 132	11 755.2	4.464	45
3 月 31 日	10 940	26	0.15	1 876	17 558.4	4.752	45
4 月 13 日	9 339	20	0.12	2 188	19 977.6	3.888	45
平均		26	0.15	—	—	4.896	—

注:统计数据来源于重庆能源集团松藻煤电公司逢春煤矿抽采科。

　　从表 6-3 至表 6-5 中可以看出,＋380S2-3 钻场的瓦斯累计抽采量大于其他两个钻场的瓦斯累计抽采量,而 S2-4 钻场的累计瓦斯抽采量又大于 S2-5 钻场的。分析原因为 S2-5 钻场为压裂孔位置所在的钻场,由于压裂作业注入了大量的水,导致水返排量较大,瓦斯被驱赶到压力水少的裂缝附近;从而造成了最远部的 S2-3 钻场瓦斯抽采量最大。S2-5 钻场的瓦斯抽采量相对最小,表明水对瓦斯存在着驱赶效应,也即水力压裂对瓦斯存在正效应作用,可以增加煤层透气性,促使瓦斯抽采量增加。

　　将＋380S2区、＋380N2区各钻场的抽采情况换算成天进行统计分析,见表6-9。从表 6-9 中可以看出,经过高压水力压裂的＋380S2区煤层预抽钻孔接抽后,平均抽采浓度达到56.3%;未进行压裂的＋380N2区煤层预抽钻孔的平均抽采浓度为30.7%,压裂后煤层瓦

表 6-9　钻场瓦斯抽采统计表

抽采地点	水力化措施	钻场平均抽采浓度/%	平均浓度/%	单孔平均抽采纯量/(m³/d)	平均抽采纯量/(m³/d)
380S2-3 钻场	水力压裂	57	56.3	8.610	8.057
380S2-4 钻场		57		7.632	
380S2-5 钻场		55		7.93	
380N2-11 钻场	无	37	30.7	6.192	5.520
380N2-12 钻场		29		5.472	
380N2-13 钻场		26		4.896	

斯抽采浓度比未压裂的煤层抽采浓度提高了 25.6%。+380S2 区各钻场单孔平均抽采纯量为 8.057 m³/d,+380N2 区单孔平均抽采纯量为 5.520 m³/d,压裂后煤层瓦斯的单孔平均抽采纯量比未压裂煤层的抽采纯量提高了 46%。可见,煤层进行水力压裂后透气性增加,瓦斯抽采量增多,有利于瓦斯灾害的防治。

(二)煤层巷道掘进速度的比较

+380S2 区 2611 工作面下巷于 2013 年 6 月开始采用炮掘,至 2013 年 9 月底,累计掘进 256 m,平均单月掘进 64 m,掘进过程中无明显的放炮瓦斯超限及防突指标超标现象。+460N 区 2631 工作面上巷未经条带高压水力压裂而进行掘进作业,2012 年 6—10 月平均单月进尺仅为 24.8 m,煤层压裂前后掘进进尺动态对比如图 6-7 所示。从图 6-7 中可以看出,水力压裂的煤层比未进行水力压裂的煤层掘进速度大大提高,平均单月掘进进尺提高了 1.6 倍。可见,进行水力压裂的煤层,瓦斯预抽效果好,巷道掘进速度快,有利于煤矿的采掘接替和安全生产。

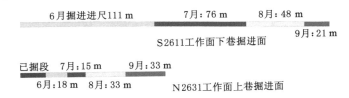

图 6-7 S2611 工作面下巷、N2631 工作面上巷掘进进尺动态对比情况

第二节 多煤层联合压裂工程应用

一、+380N3 区抬高石门水力压裂概况

+380N3 区抬高石门为 N2631 工作面的准备巷道,需穿过 M8、M7-2、M6-3 等多个煤层,井下标高+394 m,地面标高+876~+900 m,埋深 482~506 m。实施高压水力压裂前,巷道在距 M8 煤层底板 10 m 垂距处,未施工任何抽采钻孔,水力压裂的穿层钻孔在+380N3 区大巷钻场内实施。压裂区域地质概况见煤系地层综合柱状图 6-8。根据地勘资料,+380N3 区 M8 煤层瓦斯含量为 25.87 m³/t,M7-2 煤层瓦斯含量为 19.85 m³/t,M6-3 煤层瓦斯含量为 18.82 m³/t。

二、压裂钻孔设计及压裂过程

考虑三个煤层层间距相差不大,且顶底板有泥岩、黏土岩,岩性强度大于煤岩强度。因此,试验采用压裂三个煤层的联合压裂法对多煤层进行同时压裂作业。石门预抽钻孔布置在石门碛头施工,钻孔按 4.2 m×3.4 m 网格布置,控制巷道轮廓线上方 20 m、下方 6 m、左右两帮各 12 m。本次试验选择处于控制范围正中的 32# 孔作为压裂钻孔,其余钻孔均作为预抽兼检验钻孔。压裂钻孔要求终孔于 M6-3 煤层,封孔至 M8 煤层底板 0.5 m,对 M8 与 M6-3 煤层之间的所有煤层同时实施压裂作业,钻孔布置如图 6-9 所示。

压裂泵选用 BRW31.5/200 型矿用乳化泵进行施工作业,+380N3# 抬高石门高压系统连接系统如图 6-10 所示。压裂泵安设在石门口的大巷新鲜风流中(正反向风门外),水表安设在乳化泵的进水侧,将井下供水管采用 φ50 mm 管道直接连接至压裂泵的水箱进水口,常

地层					地层厚度/m				柱状图	煤岩名称	煤岩描述	含水性
界	系	统	组	代号	最大厚度	最小厚度	平均厚度	累计厚度				
古生界	二叠系	上统	龙潭组	P₂l	15.85	7.34	10.28	22.6	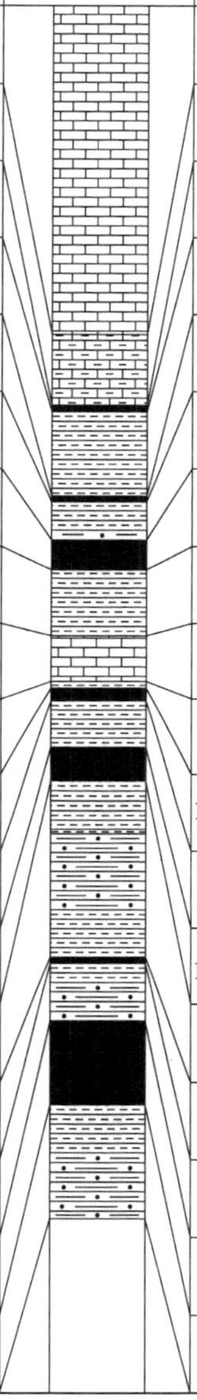	石灰岩	深灰色石灰岩,呈灰色,断口平坦,含硅质,富含绿藻、介形虫、海百合茎、有孔虫等化石	浅部弱含水性,深部隔水层
					3.95	0.21	2.22	24.82		泥质灰岩灰岩	深灰色,微晶-细晶结构,块状构造,具断续水平层理,斑状构造,层位稳定,变化较小(标志层五)	
					1.11	0.00	0.2	25.02		M6-1煤层	结构简单,富含黄铁矿结核,层位较稳定,局部地段为炭质泥岩,属不可采煤层	
					8.02	0.55	2.64	27.66		泥岩	深灰色泥岩、砂质泥岩夹泥质粉砂岩,该层以泥岩为主	
					0.43	0.04	0.18	27.84		M6-2煤层	结构简单,局部含夹矸一层,层位较稳定,厚度变化较小,属不可采煤层	
					4.4	0.43	1.18	29.02		泥岩、砂质泥岩	深灰泥岩、砂质泥岩,含炭化植物碎片化石及星散状、团块状黄铁矿,夹粉砂岩呈透镜体产出,分布局部	
					1.5	0.36	0.93	29.95		M6-3煤层	黑色半暗型煤,条痕为灰黑色,性坚硬,呈柱状、碎块状,条带状结构,层状和块状构造	
					3.68	0.25	2.07	32.02		泥岩	深灰泥岩、砂质泥岩,粉砂岩、细砂岩,含炭化植物碎片化石及星散状、结核状黄铁矿	
					3.65	0.13	1.44	33.46		石灰岩	深灰石灰岩或泥质石灰岩,致密块状,断口平坦,含黄铁矿、硅质及黏土矿物,层位稳定、厚度变化不大(标志层四)	
					1.9	0.00	0.22	33.68		泥岩、砂质泥岩	深灰、黑灰色,含动物化石及星散状黄铁矿,厚度变化较大,不稳定	
					1.74	0.00	0.43	34.11		M7-1煤层	黑色半亮型煤,条痕为灰黑色,以亮煤为主,似金属光泽,叶片状结构,层状构造,结构简单	
					6.18	0.00	1.51	35.62		泥岩	深灰色、黑灰色泥岩、砂质泥岩及泥质粉砂岩,岩性变化较大	
					2.9	0.07	1.04	36.66		M7-2煤层	黑色半亮型煤,条痕为灰黑色,似金属光泽,叶片状结构,层状构造,结构简单	
					12.02	2.00	5.55	42.21		泥岩、砂质泥岩	深灰色泥岩、砂质泥岩、粉砂岩及细砂岩,夹钙质泥岩,含黄铁矿结核	
					0.63	0.00	0.21	42.42		M8煤层上分层	局部为炭质泥岩,分布范围局限于井田中部,属不可采煤层	
					7.24	0.00	1.79	44.21		泥岩、砂质泥岩	深灰色泥岩、砂质泥岩、粉砂岩及细砂岩,富含黄铁矿结核,局部地段砂岩与M8煤层直接接触,具有冲刷煤层现象	
					7.33	1.05	2.61	46.82		M8煤层	黑色半亮型煤,条痕为灰黑色,似金属光泽,质松软,一般为粉末状、粒状、少数呈块状、条带状,层状构造(标志层三)	
					9.32	0.62	3.53	50.35		泥岩、砂质泥岩	深灰色泥岩、砂质泥岩、粉砂岩及细砂岩,顶部常为黏土岩	

图 6-8　M6-3～M8 煤系地层综合柱状图

压水通过乳化泵加压后,采用 φ25 mm 高压胶管以及快速接头连接到压裂钻孔内部的高压封孔管上,再通过高压封孔管将高压水流输送至钻孔内。

待封孔完成并凝固 24 h 后,即对压裂钻孔进行高压水力压裂作业。压裂时,首先将乳化泵压力静压调至 30 MPa,然后开始实施压裂。该石门于 3 月 15 日中午 12 时 30 分开始压裂,压力从 0 开始上升,至 12 时 40 分升至 10 MPa,12 时 45 分升至 24 MPa 后不再上升,12 时 50 分时,压力下降为 22 MPa 并保持稳定,不再发生变化,平均压力在 10～24 MPa 之

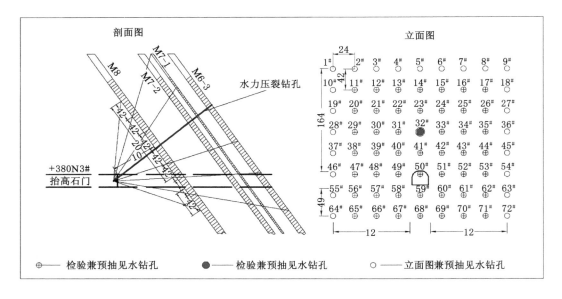

图 6-9　＋380N3# 抬高石门压裂及检验钻孔设计图(单位:m)

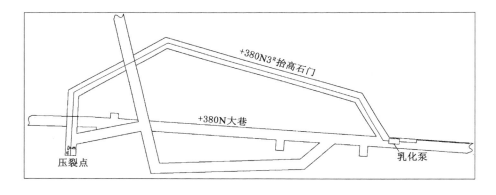

图 6-10　＋380N3# 抬高石门高压系统连接示意

间,共压入水量 131 m³。

三、石门压裂的影响范围分析

(一)煤层压裂的影响范围

水力压裂后施工石门检验钻孔时喷孔严重,水量较大。而在未受压裂影响区施工的检验孔喷孔相对较弱,基本无水。石门压裂的影响范围如表 6-10 所示。从表 6-10 中可以看出,1# 孔为 M8 煤层见水处,见水点至压裂孔距离为 23.2 m;17# 孔在 M7-1 煤层上,见水最远距离为 17.9 m,34# 孔在 M6-3 煤层上,见水最远距离为 20.7 m,表明石门压裂中水压裂缝在各个煤层中都扩展延伸,不同煤层水力压裂的影响范围不同。最后考察所得,石门压裂影响范围为沿煤层倾向压裂半径 14.6 m,沿走向压裂半径 23.2 m。可见,多煤层同时联合压裂在工程实践中有一定的可行性。

表 6-10　＋380N3#抬高石门钻场见水情况统计表

地点	孔号	设计终孔层位	见水层位	距压裂点距离/m
＋380N3#抬高石门	1#	M8	M8	23.2
	17#	M7-1	M8	17.9
	27#	M8	M8	17.7
	34#	M6-3	M8、M7-1、M6-3	10.4、16.3、20.7
	53#	M7-1	M8、M7-1	10.3、15.3
	61#	M6-3	M8、M7-1、M6-3	7.2、12.5、15.9
	72#	M8	M8	14.7

（二）煤层水压裂缝扩展规律分析

（1）见水钻孔分析

由见水钻孔统计表 6-10 可以看出，见水钻孔 1#、53#、61#、72#均处于预测水压主裂缝附近，如图 6-11 所示，初步表明水压主裂缝在地应力作用下，裂缝扩展延伸与最大主应力方向相一致，与试验得出的裂缝扩展延伸规律吻合。

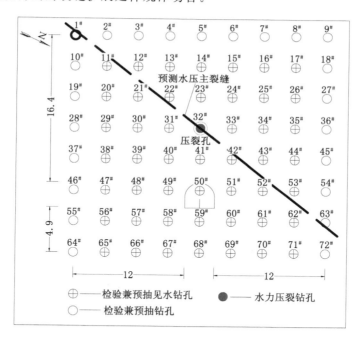

图 6-11　＋380N3#抬高石门预测水压主裂缝（单位：m）

（2）检验钻孔施工过程中的回风瓦斯情况

＋380N3#抬高石门水力压裂完成后，在前期 12 个钻孔的施工过程中，将其喷出煤量及回风瓦斯情况进行了统计，见表 6-11。由表 6-11 和图 6-11 可以看出，钻孔 12#、22#、31#、32#、33#在预测的水压主裂缝附近，且 31#钻孔存在严重喷孔，表明水力压裂后煤层透气性提高非常大。同时，钻孔 4#、5#、6#、15#距预测的水压主裂缝较远，但也出现了非常严重的喷孔现象,尤其是 5# 钻孔延时喷孔达到 6～7 车煤粉,15# 钻孔延时喷孔达 2 车的煤粉量。可见,水力压裂后煤层卸压增透效果非常明显,甚至引发了钻孔的小型突出。但该 4 个钻孔并没有在预测的水压主裂缝附近,分析原因,可能是在压裂过程中出现了分支裂缝,连接贯通了这 4 个钻孔。

表 6-11　＋380N3# 抬高石门预抽及检验钻孔施工情况统计表

孔号	施工时间	施钻喷孔情况	总回风最高瓦斯浓度/%	涌出瓦斯量/m³	喷出煤量/t	备注
4#	2011 年 3 月 19 日	非常严重	3.20	870	6	
5#	2011 年 3 月 18 日	非常严重	6.50	1 320	8	延时喷孔 6～7 车煤粉
6#	2011 年 3 月 20 日	喷孔	0.94	720	2	
12#	2011 年 3 月 21 日	喷孔	0.86	350	1	
13#	2011 年 3 月 22 日	喷孔	1.35	350	1.5	
15#	2011 年 3 月 22 日	严重喷孔	1.57	500	3.5	延时喷孔 2 车煤粉
22#	2011 年 3 月 24 日	喷孔	0.88	200	1	
23#	2011 年 3 月 25 日	喷孔	0.79	180	0.5	
24#	2011 年 3 月 26 日	喷孔	1.30	290	1.5	
31#	2011 年 3 月 27 日	严重喷孔	2.57	630	3	
32#	2011 年 3 月 29 日	喷孔	0.94	210	1.3	
33#	2011 年 3 月 30 日	喷孔	2.20	500	2	

(3) 预抽瓦斯效果考察

＋380N3# 抬高石门预抽兼检验钻孔接入矿井抽采系统后,定期对该石门的抽采情况进行测定。选取距离预测水压主裂缝一定范围内的单孔平均瓦斯抽采量进行分析,考察预测水压主裂缝的可靠性,见表 6-12。

表 6-12　预测裂缝面不同距离的单孔瓦斯抽采量统计表(时间:100 d)

裂缝面距离及单孔累计抽采量	1#	11#	22#	42#	52#	53#	63#	单孔抽采量平均值/m³
单孔累计抽采量/m³	5 498	4 953	5 397	4 728	4 742	5 118	4 802	5 034
上 2.3 m	2#	12#	13#	23#	33#	43#	54#	
单孔累计抽采量/m³	4 831	3 759	3 614	3 857	4 299	4 423	4 283	4 149
下 2.3 m	10#	21#	31#	41#	51#	62#	72#	
单孔累计抽采量/m³	4 426	3 429	3 416	4 336	4 242	4 227	4 940	
上 4.6 m	3#	14#	19#	20#	24#	30#	—	
单孔累计抽采量/m³	2 267	2 056	3 271	2 441	4 481	2 472	—	2 987
下 4.6 m	34#	40#	44#	50#	61#	71#	—	
单孔累计抽采量/m³	3 887	2 215	4 494	2 054	3 844	2 357	—	

表 6-12(续)

裂缝面距离及单孔累计抽采量	1#	11#	22#	42#	52#	53#	63#	单孔抽采量平均值/m³
上 6.9 m	4#	15#	25#	29#	35#	39#	—	
单孔累计抽采量/m³	2 215	3 462	2 931	2 875	3 118	1 552	—	2 630
下 6.9 m	45#	49#	60#	74#	—	—	—	
单孔累计抽采量/m³	3 354	1 833	2 755	2 206	—	—	—	
上 9.2 m	5#	6#	16#	26#	28#	36#		
单孔累计抽采量/m³	2 743	1 935	2 148	1 960	2 252	1 910		2 157
下 9.2 m	38#	48#	58#	69#	—	—		
单孔累计抽采量/m³	1 640	1 642	2 366	2 969	—	—		

预测水压主裂缝不同距离处的单孔平均瓦斯抽采量如图 6-12 所示。从图 6-12 中可以看出,随着距预测水压主裂缝距离的增加,单孔平均瓦斯抽采量呈下降趋势。这表明在预测主裂缝附近的瓦斯抽采量较高,预测的水压主裂缝是存在的,且有一定的可靠性。

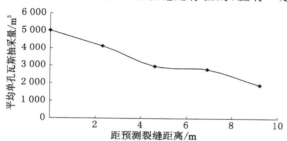

图 6-12 预测裂缝不同距离处的单孔平均瓦斯抽采量

(三)石门抽采钻孔的优化设计

通过钻孔的单孔瓦斯抽采量考察水压主裂缝的扩展延伸方向,并据此判断水压裂缝周围的裂缝交叉贯通情况。可以在预测的水压主裂缝附近首先布置抽采钻孔,以尽快抽采瓦斯,达到降低突出的危险,提高石门揭煤的瓦斯抽采率,从而缩短石门揭煤工期。

四、压裂效果评价

＋380N3# 抬高石门与相邻未进行水力压裂的＋380N2# 抬高石门的抽采瓦斯情况是通过相互比较而考察其压裂效果的。＋380N3# 抬高石门水力压裂后,瓦斯抽采测定值如表 6-13所示。相邻的＋380N2# 抬高石门未进行压裂,石门预抽钻孔抽采瓦斯测定如表 6-14所示。

(一)瓦斯抽采情况比较

由图 6-13 和图 6-14 可以看出,进行水力压裂后＋380N3# 抬高石门的瓦斯抽采纯量、瓦斯抽采浓度均明显高于未压裂的＋380N2# 抬高石门,表明水力压裂对石门预抽瓦斯效果显著。由表 6-13 和表 6-14 可以看出,压裂后的煤层接抽后瓦斯平均抽采浓度为 55％,而未进行压裂的石门预抽瓦斯浓度平均为 30％,进行压裂的石门预抽瓦斯浓度比未压裂的石门预抽瓦斯浓度提高了 83％。压裂后的石门预抽瓦斯平均抽采纯量为 0.45 m³/min,未压裂的石门预抽瓦斯平均抽采纯量为 0.33 m³/min,压裂后比压裂前的平均瓦斯抽采纯量提高

36%。压裂后的煤层平均单孔抽采纯量为 0.025 m³/min，压裂前为 0.013 m³/min，压裂后比压裂前煤层的瓦斯单孔抽采纯量提高约 1 倍。

表 6-13　＋380N3# 抬高石门瓦斯抽采情况表

测定日期	负压/Pa	速压/Pa	浓度/%	混合量		纯量		平均单孔抽采纯量/(m³/min)	抽采时间/h	在抽孔数/个
				m³/d	m³/min	m³/d	m³/min			
4 月 18 日	9 606	0.98	25	810	0.56	202	0.14	0.008	24	13
4 月 21 日	10 807	0.98	23	2 399	0.56	552	0.16	0.009	72	13
4 月 23 日	13 075	0.98	30	1 607	0.56	482	0.17	0.009	48	13
5 月 2 日	8 539	0.98	37	7 573	0.58	2 802	0.25	0.014	216	13
5 月 7 日	9 339	0.98	60	4 483	0.62	2 690	0.37	0.021	120	13
5 月 16 日	9 072	0.98	54	7 932	0.61	4 283	0.36	0.02	216	13
5 月 23 日	7 338	0.98	60	6 349	0.63	3 809	0.38	0.021	168	13
6 月 2 日	6 671	0.98	53	8 909	0.62	4 722	0.33	0.018	240	13
6 月 9 日	6 671	0.98	63	6 434	0.64	4 054	0.4	0.022	168	13
6 月 16 日	6 137	0.98	60	6 392	0.63	3 835	0.38	0.021	168	13
6 月 25 日	4 002	0.98	71	8 623	0.67	6 122	0.47	0.026	216	13
6 月 29 日	4 803	0.98	67	3 765	0.65	2 522	0.44	0.024	96	13
7 月 5 日	9 339	0.98	61	5 396	0.62	3 292	0.42	0.023	144	13
7 月 15 日	6 938	0.98	67	9 299	0.65	6 230	0.43	0.024	240	13
7 月 23 日	8 405	0.98	68	8 467	0.82	7 534	0.62	0.034	192	13
7 月 30 日	9 606	0.98	65	9 468	1.08	8 278	0.82	0.046	168	13
8 月 7 日	8 672	0.98	63	11 824	1.17	8 619	0.94	0.052	192	13
8 月 14 日	7 204	0.98	67	12 634	1.25	9 657	1.05	0.058	168	13
平均值	8 124	0.98	55	6 798	0.72	4 427	0.45	0.025	—	13

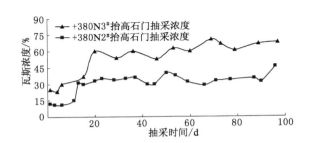

图 6-13　＋380N3# 与 N2# 抬高石门瓦斯浓度-抽采时间对比曲线

表 6-14 ＋380N2＃抬高石门瓦斯抽采情况表

测定日期	负压/Pa	速压/Pa	浓度/%	混合量		纯量		平均单孔抽采纯量/(m³/min)	抽采时间/h	在抽孔数/个
				m³/d	m³/min	m³/d	m³/min			
6月12日	9 739	0.98	12	1 524	1.06	183	0.13	0.005	24	55
6月14日	10 006	0.98	11	3 035	1.05	334	0.12	0.005	48	55
6月17日	9 339	0.98	11	4 570	1.06	503	0.12	0.005	72	55
6月22日	9 339	0.98	15	7 692	1.07	1 154	0.16	0.006	120	55
6月24日	9 606	0.98	31	3 200	1.11	992	0.34	0.013	48	55
6月26日	11 074	0.98	30	3 164	1.1	949	0.33	0.013	48	55
7月1日	10 673	0.98	33	7 993	1.11	2 638	0.37	0.014	120	55
7月4日	10 140	0.98	35	4 837	1.12	1 693	0.3	0.012	72	55
7月9日	11 207	0.98	34	7 989	1.11	2 716	0.38	0.015	120	55
7月14日	11 607	0.98	35	7 992	1.11	2 797	0.39	0.015	120	55
7月18日	12 007	0.98	36	6 396	1.11	2 302	0.4	0.015	96	55
7月23日	10 807	0.98	30	7 923	1.1	2 377	0.33	0.013	120	55
7月26日	10 673	0.98	30	4 758	1.1	1 427	0.33	0.013	72	55
7月31日	9 072	0.98	40	8 225	1.14	3 290	0.43	0.017	120	55
8月4日	9 339	0.98	38	6 533	1.13	2 483	0.43	0.017	96	55
8月9日	11 474	0.98	32	7 934	1.1	2 539	0.35	0.013	120	55
8月16日	10 673	0.98	29	11 072	1.1	3 211	0.32	0.012	168	55
8月21日	9 072	0.98	33	8 068	1.12	2 663	0.37	0.014	120	55
8月27日	10 673	0.98	34	9 618	1.11	3 270	0.38	0.015	144	55
9月6日	4 002	0.98	35	16 696	1.16	5 844	0.39	0.015	240	55
9月9日	4 670	0.98	32	4 950	1.15	1 584	0.37	0.014	72	55
9月15日	5 337	0.98	46	10 256	1.19	4 718	0.55	0.021	144	55
平均值	9 570	0.98	30	7 019	1.11	2 258	0.33	0.013		

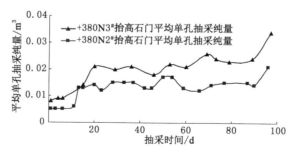

图 6-14 ＋380N3＃与 N2＃抬高石门平均单孔抽采纯量-抽采时间对比曲线

（二）石门揭煤速度比较

进行水力压裂的＋380N3＃抬高石门揭煤情况。2012 年 2 月 8—10 日在 M8 煤层 9 m

垂距处施工检验孔，测定 M8 煤层残余瓦斯含量为 $4.21\sim7.69$ m³/t，测得 K_1 最大值为 0.39，于 2012 年 3 月 26 日过完煤门，过 M8 煤层用时 2 d；2012 年 4 月 4 日在 M7 煤层 5 m 垂距处施工检验孔测定残余瓦斯含量为 $4.29\sim4.49$ m³/t，测得 K_1 最大值为 0.35，于 2012 年 4 月 20 日过完煤门，过 M7 煤层用时 2 d；2012 年 4 月 22 日在 M6-3 煤层 5 m 垂距处施工检验孔测定 M6-3 煤层残余瓦斯含量为 $5.01\sim5.68$ m³/t，测得 K_1 最大值为 0.26，于 2012 年 5 月 25 日完成全部揭煤工作。整个揭煤工作用时 90 d。

未进行水力压裂的＋380N2# 抬高石门揭煤情况。2011 年 4 月 6—7 日在 M8 煤层 8 m 垂距处施工检验孔测定 M8 煤层残余瓦斯含量为 $3.57\sim7.83$ m³/t，于 2011 年 5 月 22 日过完煤门；2011 年 5 月 28 日在 M7 煤层 5 m 垂距处施工检验孔测定残余瓦斯含量为 $6.59\sim7.75$ m³/t，于 2011 年 7 月 2 日过完煤门；2011 年 7 月 25 日在 M6-3 煤层 5 m 垂距处施工检验孔测定 M6-3 煤层残余瓦斯含量为 $7.04\sim7.29$ m³/t，于 2011 年 8 月 16 日完成全部揭煤工作。整个揭煤工作用时 133 d。

由此可见，经过水力压裂后的石门揭煤时间比未进行压裂的石门揭煤时间缩短了 43 d，水力压裂使石门揭煤的工期缩短，实现了石门的快速揭煤，为矿井的采掘接替提供了保证。

参 考 文 献

[1] 谢和平,王金华,王国法,等.煤炭革命新理念与煤炭科技发展构想[J].煤炭学报,2018,
43(5):1187-1197.

[2] 谢和平,刘虹,吴刚.经济对煤炭的依赖与煤炭对经济的贡献分析[J].中国矿业大学学
报(社会科学版),2012,14(3):1-6.

[3] 滕吉文,张雪梅,杨辉.中国主体能源:煤炭的第二深度空间勘探、开发和高效利用[J].
地球物理学进展,2008,23(4):972-992.

[4] 李景明,巢海燕,李小军,等.中国煤层气资源特点及开发对策[J].天然气工业,2009,
29(4):9-13.

[5] 程远平,付建华,俞启香.中国煤矿瓦斯抽采技术的发展[J].采矿与安全工程学报,
2009,26(2):127-139.

[6] 王耀锋.中国煤矿瓦斯抽采技术装备现状与展望[J].煤矿安全,2020,51(10):67-77.

[7] 徐腾飞,王学兵.近十年我国低瓦斯煤矿瓦斯爆炸事故统计与规律分析[J].矿业安全与
环保,2021,48(3):126-130.

[8] 丁百川.我国煤矿主要灾害事故特点及防治对策[J].煤炭科学技术,2017,45(5):
109-114.

[9] 薛嗣圣.基于概率推理的煤矿瓦斯事故致因分析及其管控研究[D].徐州:中国矿业大
学,2019.

[10] 余陶.低透气性煤层穿层钻孔区域预抽瓦斯消突技术研究[D].合肥:安徽建筑工业学
院,2010.

[11] 刘延保.基于细观力学试验的含瓦斯煤体变形破坏规律研究[D].重庆:重庆大
学,2009.

[12] 李志强,鲜学福,隆晴明.不同温度应力条件下煤体渗透率实验研究[J].中国矿业大学
学报,2009,38(4):523-527.

[13] 刘发全,张光辉.火烧铺矿17#煤层("三软"煤层)开采方法的研究[J].科技信息,2010
(1):683,728.

[14] 毛琼,王绪性,王芳,等.火烧煤层开采煤层气的研究[J].中国煤层气,2011,8(6):
33-36.

[15] 张荣.复合煤层水力冲孔卸压增透机制及高效瓦斯抽采方法研究[D].徐州:中国矿业
大学,2019.

[16] 周世宁.瓦斯在煤层中流动的机理[J].煤炭学报,1990,15(1):15-24.

[17] 林柏泉,崔恒信.矿井瓦斯防治理论与技术[M].2版.徐州:中国矿业大学出版
社,2010.

[18] 胡殿明,林柏泉.煤层瓦斯赋存规律及防治技术[M].徐州:中国矿业大学出版社,2006.

[19] 傅雪海,张小东,韦重韬.煤层含气量的测试、模拟与预测研究进展[J].中国矿业大学学报,2021,50(1):13-31.

[20] 王晓蕾.低渗透煤层提高瓦斯采收率技术现状及发展趋势[J].科学技术与工程,2019,19(17):9-17.

[21] 熊祖强,王晓蕾,于洋,等.深埋特厚煤层综放开采覆岩破坏与裂隙演化特征[C]//第十二届全国岩石破碎工程学术大会论文集,2014:10-15.

[22] 刘英锋,王世东,王晓蕾.深埋特厚煤层综放开采覆岩导水裂缝带发育特征[J].煤炭学报,2014,39(10):1970-1976.

[23] 陈继刚,熊祖强,李卉,等.倾斜特厚煤层综放带压开采底板破坏特征研究[J].岩石力学与工程学报,2016,35(增1):3018-3023.

[24] 琚宜文,李清光,谭锋奇.煤矿瓦斯防治与利用及碳排放关键问题研究[J].煤炭科学技术,2014,42(6):8-14.

[25] 钱鸣高,许家林.覆岩采动裂隙分布的"O"形圈特征研究[J].煤炭学报,1998,23(5):466-469.

[26] 吕有厂.穿层深孔控制爆破防治冲击型突出研究[J].采矿与安全工程学报,2008,25(3):337-340.

[27] 蔡峰,刘泽功,张朝举,等.高瓦斯低透气性煤层深孔预裂爆破增透数值模拟[J].煤炭学报,2007,32(5):499-503.

[28] 郭德勇,裴海波,宋建成,等.煤层深孔聚能爆破致裂增透机理研究[J].煤炭学报,2008,33(12):1381-1385.

[29] 张英华,倪文,尹根成,等.穿层孔水压爆破法提高煤层透气性的研究[J].煤炭学报,2004,29(3):298-302.

[30] 陈士海.深孔水压爆破装药结构与应用研究[J].煤炭学报,2000,25(增刊):112-116.

[31] 刘明举,潘辉,李拥军,等.煤巷水力挤出防突措施的研究与应用[J].煤炭学报,2007,32(2):168-171.

[32] 王兆丰,李志强.水力挤出措施消突机理研究[J].煤矿安全,2004,35(12):1-4.

[33] 黄贵炳.论水力挤出防突技术措施的防突机理和应用前景[J].湘潭师范学院学报(自然科学版),2008,30(2):105-106.

[34] 刘明举,孔留安,郝富昌,等.水力冲孔技术在严重突出煤层中的应用[J].煤炭学报,2005,30(4):451-454.

[35] 韩颖,董博文,张飞燕,等.我国水力冲孔卸压增透技术研究进展[J].中国矿业,2021,30(2):95-100.

[36] 赵阳升,杨栋,胡耀青,等.低渗透煤储层煤层气开采有效技术途径的研究[J].煤炭学报,2001,26(5):455-458.

[37] 康宇.水力压裂技术在煤矿瓦斯治理中的应用[J].资源信息与工程,2020,35(2):51-53.

[38] 邢昭芳,阎永利,李会良.深孔控制卸压爆破防突机理和效果考察[J].煤炭学报,1991,

16(2):1-9.

[39] VALLIAPPAN S,WOHUA Z. Numerical modelling of methane gas migration in dry coal seams[J]. International journal for numerical and analytical methods ingeomechanics,1996, 20(8):571-593.

[40] ZHAO C B,VALLIAPPAN S. Finite element modelling of methane gas migration in coal seams[J]. Computers and structures,1995,55(4):625-629.

[41] 李志.苏联水力压裂抽放瓦斯资料[J].煤矿安全,1981(1):33.

[42] 史宏宝,刘晓龙.水力压裂技术在含多层夹矸厚煤层开采中的应用研究[J].内蒙古煤炭经济,2020(19):28-29.

[43] 王鸿勋.水力压裂原理[M].北京:石油工业出版社,1987.

[44] 杜春志.煤层水压致裂理论及应用研究[D].徐州:中国矿业大学,2008.

[45] 赵振保.变频脉冲式煤层注水技术研究[J].采矿与安全工程学报,2008,25(4):486-489.

[46] 吕有厂.水力压裂技术在高瓦斯低透气性矿井中的应用[J].重庆大学学报,2010,33(7):102-107.

[47] 李培培.钻孔注水高压电脉冲致裂瓦斯抽放技术基础研究[D].太原:太原理工大学,2009.

[48] 周军民.水力压裂增透技术在突出煤层中的试验[J].中国煤层气,2009,6(3):34-39.

[49] 路洁心,李贺.穿层定向水力压裂技术的应用[J].山西焦煤科技,2011(5):39-41,50.

[50] 荣景利,高亚明,郭永敏,等.水力压裂提高煤层瓦斯抽采效率技术研究[J].能源技术与管理,2012(3):84-85.

[51] 翟成,李贤忠,李全贵.煤层脉动水力压裂卸压增透技术研究与应用[J].煤炭学报,2011,36(12):1996-2001.

[52] 李贤忠.高压脉动水力压裂增透机理与技术[D].徐州:中国矿业大学,2013.

[53] 付江伟.井下水力压裂煤层应力场与瓦斯流场模拟研究[D].徐州:中国矿业大学,2013.

[54] 李传亮,朱苏阳.再谈双重有效应力:对《双重有效应力再认识及其综合作用》一文的讨论与分析[J].石油科学通报,2019,4(4):414-429.

[55] 任岚,赵金洲,胡永全,等.水力压裂时岩石破裂压力数值计算[J].岩石力学与工程学报,2009,28(增2):3417-3422.

[56] 乌效鸣.煤层气井水力压裂裂缝产状和形态研究[J].探矿工程,1995(6):19-21.

[57] 单学军,张士诚,李安启,等.煤层气井压裂裂缝扩展规律分析[J].天然气工业,2005,25(1):130-132.

[58] 刘洪,张光华,钟水清,等.水力压裂关键技术分析与研究[J].钻采工艺,2007,30(2):49-52,154.

[59] 邓广哲,黄炳香,王广地,等.圆孔孔壁裂缝水压扩张的压力参数理论分析[J].西安科技学院学报,2003,23(4):361-364.

[60] 黄炳香.煤岩体水力致裂弱化的理论与应用研究[D].徐州:中国矿业大学,2009.

[61] 连志龙.水力压裂扩展的流固耦合数值模拟研究[D].合肥:中国科学技术大学,2007.

[62] 赵益忠,曲连忠,王幸尊,等.不同岩性地层水力压裂裂缝扩展规律的模拟实验[J].中国石油大学学报(自然科学版),2007,31(3):63-66.

[63] 周健,陈勉,金衍,等.裂缝性储层水力裂缝扩展机理试验研究[J].石油学报,2007,28(5):109-113.

[64] 陈勉,庞飞,金衍.大尺寸真三轴水力压裂模拟与分析[J].岩石力学与工程学报,2000,19(增刊):868-872.

[65] 詹美礼,岑建.岩体水力劈裂机制圆筒模型试验及解析理论研究[J].岩石力学与工程学报,2007,26(6):1173-1181.

[66] 李佳琦,王斌,李轶,等.水力裂缝扩展对天然断层活动性的影响[J].辽宁工程技术大学学报(自然科学版),2021,40(2):126-133.

[67] 唐书恒,朱宝存,颜志丰.地应力对煤层气井水力压裂裂缝发育的影响[J].煤炭学报,2011,36(1):65-69.

[68] 张春华,刘泽功,王佰顺,等.高压注水煤层力学特性演化数值模拟与试验研究[J].岩石力学与工程学报,2009,28(增2):3371-3375.

[69] 申晋,赵阳升,段康廉.低渗透煤岩体水力压裂的数值模拟[J].煤炭学报,1997(6):22-27.

[70] 杨天鸿,唐春安,徐涛,等.岩石破裂过程的渗流特性:理论、模型与应用[M].北京:科学出版社,2004.

[71] 连志龙,张劲,吴恒安,等.水力压裂扩展的流固耦合数值模拟研究[J].岩土力学,2008,29(11):3021-3026.

[72] 腾俊洋.多场耦合下层状岩体损伤破裂过程及隧道开挖损伤区评估[D].重庆:重庆大学,2017.

[73] 谢东海,冯涛,赵延林,等.裂隙煤岩体的流固耦合精细模型[J].中南大学学报(自然科学版),2013,44(5):2014-2021.

[74] 富向,刘洪磊,杨天鸿,等.穿煤层钻孔定向水压致裂的数值仿真[J].东北大学学报(自然科学版),2011,32(10):1480-1483.

[75] 孙可明,崔虎,李成全.预制定向裂纹水力压裂延伸数值模拟[J].辽宁工程技术大学学报,2006,25(2):176-179.

[76] KHRISTIANOVIC S A,ZHELTOV Y P. Formation of vertical fractures by means of highly viscous liquid[C]//Proceedings of the Fourth World Petroleum Congress,1955:579-586.

[77] PERKINS T K,KERN L R. Widths of hydraulic fractures[J]. Journal of petroleumtechnology,1961,13(9):937-949.

[78] NORDGREN R P. Propagation of a vertical hydraulic fracture[J]. Society of petroleum engineers journal,1972,12(4):306-314.

[79] ADVANI S H,LEE J K. Finite element model simulations associated with hydraulic fracturing[J]. Society of petroleum engineers journal,1982,22(2):209-218.

[80] SETTARI A,CLEARY M P. Three-dimensional simulation of hydraulic fracturing[J]. Journal of petroleum technology,1984,36(7):1177-1190.

[81] PALMER I D,JR CARROLL H B. Numerical solution for height and elongated hydraulic fractures[C]//SPE/DOE Low Permeability Gas Reservoirs Symposium,1983.

[82] CLIFTON R J,ABOU-SAYED A S. A variational approach to the prediction of the three-dimensional geometry of hydraulic fractures[C]//SPE/DOE Low Permeability Gas Reservoirs Symposium,1981.

[83] CLEARY M P,KAVVADAS M,LAM K Y. Development of a fully three-dimensional simulator for analysis and design of hydraulic fracturing[C]//SPE/DOE Low Permeability Gas Reservoirs Symposium,1983.

[84] BOUTECA M J. 3D analytical model for hydraulic fracturing:theory and field test[C]// SPE Annual Technical Conference and Exhibition,1984.

[85] 杨秀夫,陈勉,刘希圣,等.层状介质条件下水压裂缝缝内流场的理论研究[J].中国海上油气(工程),2003,15(2):35-37.

[86] 王进旗,强锡富,吴继周.储油罐爆炸过程仿真方法研究[J].系统仿真学报,2002,14(2):167-168,195.

[87] 范运林,乌效鸣,吴智峰,等.浅部煤层水力压裂缝态研究[J].甘肃科技,2014,30(12):62-65,89.

[88] 郭大立,纪禄军,赵金洲,等.煤层压裂裂缝三维延伸模拟及产量预测研究[J].应用数学和力学,2001,22(4):337-344.

[89] 郝艳丽,王河清,李玉魁.煤层气井压裂施工压力与裂缝形态简析[J].煤田地质与勘探,2001,29(3):20-22.

[90] 李哲,杨兆中,李小刚.水力压裂模型的改进及其算法更新研究(上)[J].天然气工业,2005,25(1):88-92.

[91] 章城骏.基于扩展有限元法的水力压裂数值模拟研究[D].杭州:浙江大学,2015.

[92] 罗天雨,赵金洲,王嘉淮,等.水力压裂横向多裂缝延伸模型[J].天然气工业,2007,27(10):75-78.

[93] 朱君,叶鹏,王素玲,等.低渗透储层水力压裂三维裂缝动态扩展数值模拟[J].石油学报,2010,31(1):119-123.

[94] 林柏泉,孟杰,宁俊,等.含瓦斯煤体水力压裂动态变化特征研究[J].采矿与安全工程学报,2012,29(1):106-110.

[95] 魏宏超,乌效鸣,李粮纲,等.煤层气井水力压裂同层多裂缝分析[J].煤田地质与勘探,2012,40(6):20-23.

[96] 程远方,吴百烈,袁征,等.煤层气井水力压裂"T"型缝延伸模型的建立及应用[J].煤炭学报,2013,38(8):1430-1434.

[97] 张小东,张鹏,刘浩,等.高煤级煤储层水力压裂裂缝扩展模型研究[J].中国矿业大学学报,2013,42(4):573-579.

[98] 程远方,吴百烈,李娜,等.煤层压裂裂缝延伸及影响因素分析[J].特种油气藏,2013,20(2):126-129.

[99] CHEN Z,ECONOMIDES J. Fracturing pressures and near-well fracture geometry of arbitrarilyoriented and horizontal wells[R]. Society of petroleum engineers,1995.

[100] SIMONSON E R,ABOU-SAYED A S,CLIFTON R J. Containment of massive hydraulic fractures[J]. Society of petroleum engineers journal,1978,18(1):27-32.

[101] WARPINSKI N R,SCHMIDT R A,NORTHROP D A. In-situ stresses:the predominant influence on hydraulic fracture containment[J]. Journal of petroleum technology,1982, 34(3):653-664.

[102] TEUFEL L W,CLARK J A. Hydraulic fracture propagation in layered rock:experimental studies of fracture containment [J]. Society of petroleum engineers journal,1984, 24(1):19-32.

[103] 李同林.煤岩层水力压裂造缝机理分析[J].天然气工业,1997,17(4):53-56.

[104] 李峰,汪越胜,赵经文.油气井压裂裂缝高度分析[J].哈尔滨工业大学学报,1999, 31(4):22-25.

[105] 衡帅,杨春和,郭印同.等.层理对页岩水力裂缝扩展的影响研究[J].岩石力学与工程 学报,2015,34(2):228-237.

[106] 张哲鹏,黄庆享,贺雁鹏.陕北某矿 3 号煤层开采导水裂缝带高度测定[J].陕西煤炭, 2021,40(1):53-56.

[107] 倪小明,王延斌,接铭训,等.不同构造部位地应力对压裂裂缝形态的控制[J].煤炭学 报,2008,33(5):505-508.

[108] 郭红玉.基于水力压裂的煤矿井下瓦斯抽采理论与技术[D].焦作:河南理工大 学,2011.

[109] 雷波,秦勇,吴财芳,等.水力压裂裂缝对煤层回采工作面应力的影响[J].煤矿安全, 2012,43(12):12-14.

[110] 刘会虎,桑树勋,李梦溪,等.沁水盆地煤层气井压裂影响因素分析及工艺优化[J].煤 炭科学技术,2013,41(11):98-102.

[111] 李铭,孔祥文,夏朝辉,等.澳大利亚博文盆地煤层气富集规律和勘探策略研究:以博 文区块 Moranbah 煤层组为例[J].中国石油勘探,2020,25(4):65-74.

[112] MCKEE C R,BUMB A C,KOENIG R A. Stress-dependent permeability and porosity of coal and other geologic formations[J]. SPE formationevaluation,1988,3(1):81-91.

[113] 秦勇,张德民,傅雪海,等.山西沁水盆地中、南部现代构造应力场与煤储层物性关系 之探讨[J].地质论评,1999,45(6):576-583.

[114] 叶建平,史保生,张春才.中国煤储层渗透性及其主要影响因素[J].煤炭学报,1999, 24(2):118-122.

[115] 何伟钢,唐书恒,谢晓东.地应力对煤层渗透性的影响[J].辽宁工程技术大学学报(自 然科学版),2000,19(4):353-355.

[116] 连承波,李汉林.地应力对煤储层渗透性影响的机理研究[J].煤田地质与勘探,2005, 33(2):30-32.

[117] ITO T,HAYASHI K. Analysis of crack reopening behavior for hydrofrac stress measurement[J]. International journal of rock mechanics and mining sciences and geomechanics abstracts,1993,30(7):1235-1240.

[118] KIM C M,ABASS H H. Hydraulic fracture initiation from horizontal wellbores:

laboratory experiments［C］//The 32nd US Symposium on Rock Mechanics (USRMS),1991.

［119］DE PATER C J,WEIJERS L,SAVIC M,et al. Experimental study of nonlinear effects inhydraulic fracture propagation[J]. SPE production & facilities,1994,9(4): 239-246.

［120］王国庆,谢兴华,速宝玉.岩体水力劈裂试验研究[J].采矿与安全工程学报,2006, 23(4):480-484.

［121］谢兴华.岩体水力劈裂机理试验及数值模拟研究[D].南京:河海大学,2004.

［122］姜浒,陈勉,张广清,等.定向射孔对水力裂缝起裂与延伸的影响[J].岩石力学与工程 学报,2009,28(7):1321-1326.

［123］郭培峰,周文,邓虎成,等.致密储层压裂真三轴物理模拟实验及裂缝延伸规律[J].成 都理工大学学报(自然科学版),2020,47(1):65-74.

［124］邓广哲,王世斌,黄炳香.煤岩水压裂缝扩展行为特性研究[J].岩石力学与工程学报, 2004,23(20):3489-3493.

［125］蔺海晓,杜春志.煤岩拟三轴水力压裂实验研究[J].煤炭学报,2011,36(11): 1801-1805.

［126］程庆迎.低透煤层水力致裂增透与驱赶瓦斯效应研究[D].徐州:中国矿业大学,2012.

［127］杨焦生,王一兵,李安启,等.煤岩水力裂缝扩展规律试验研究[J].煤炭学报,2012, 37(1):73-77.

［128］胡国忠,王宏图,李晓红,等.急倾斜俯伪斜上保护层开采的卸压瓦斯抽采优化设计 [J].煤炭学报,2009,34(1):9-14.

［129］王海锋,程远平,吴冬梅,等.近距离上保护层开采工作面瓦斯涌出及瓦斯抽采参数优 化[J].煤炭学报,2010,35(4):590-594.

［130］孟贤正,李成成,张永将,等.上保护层开采卸压时空效应及被保护层抽采钻孔优化研 究[J].矿业安全与环保,2013,40(1):26-31.

［131］何勇,肖峻峰.基于卸压开采的下向穿层钻孔抽采瓦斯技术[J].安徽建筑工业学院学 报(自然科学版),2014,22(1):73-75,97.

［132］王耀锋,聂荣山.基于采动裂隙演化特征的高位钻孔优化研究[J].煤炭科学技术, 2014,42(6):86-91.

［133］梁冰,赵海波,王岩,等.确定卸压瓦斯抽采钻孔合理层位的试验[J].煤田地质与勘 探,2014,42(3):96-99.

［134］刘健,刘泽功,蔡峰.石门揭煤深孔预裂爆破增透效果试验研究[J].煤炭科学技术, 2011,39(6):30-32.

［135］浑宝炬,周红星.水力诱导穿层钻孔喷孔煤层增透技术及工程应用[J].煤炭科学技 术,2011,39(9):46-49.

［136］李志强,唐旭.水射流卸压增渗及抽采瓦斯效果的渗流力学数值解[J].西安科技大学 学报,2012,32(4):464-469.

［137］周声才,李栋,张凤舞,等.煤层瓦斯抽采爆破卸压的钻孔布置优化分析及应用[J].岩 石力学与工程学报,2013,32(4):807-813.

[138] 倪进木.缓倾斜、大采高综采工作面顶板走向钻孔参数的优化[J].煤炭工程,2006 (3):44-45.

[139] 王宏图,江记记,王再清,等.本煤层单一顺层瓦斯抽采钻孔的渗流场数值模拟[J].重庆大学学报,2011,34(4):24-29.

[140] 徐会军,樊少武.工作面瓦斯采前预抽合理钻孔间距探讨[J].煤炭工程,2011(2):77-79.

[141] 高贯金,张文阔.本煤层瓦斯抽放钻孔优化布置[J].现代矿业,2012(9):39-41.

[142] 黄寒静,魏宏超.复合坐标系在定向瓦斯抽采钻孔成图中的应用[J].山西建筑,2012,38(13):83-84.

[143] 常晓红.底板岩巷网格穿层抽采钻孔间距的优化研究[J].煤矿开采,2013,18(5):104-108.

[144] 高军伟,魏风清.煤巷动压区瓦斯抽采效果测试及钻孔优化[J].中州煤炭,2013(10):85-87.

[145] 刘军,孙东玲,孙海涛,等.含瓦斯煤固气耦合动力学模型及其应用研究[J].中国矿业,2013,22(11):126-130.

[146] 陈继刚,王广帅,王刚.综放采空区瓦斯抽采技术研究[J].煤炭工程,2014,46(1):66-67.

[147] 李同林,乌效鸣,屠厚泽.煤岩力学性质测试分析与应用[J].地质与勘探,2000,36(2):85-88.

[148] 朱宝存,唐书恒,张佳赞.煤岩与顶底板岩石力学性质及对煤储层压裂的影响[J].煤炭学报,2009,34(6):756-760.

[149] 蔡美峰.岩石力学与工程[M].2版.北京:科学出版社,2019.

[150] 孙敏娜.水力压裂提高煤层气采收率技术研究[D].西安:西安石油大学,2012.

[151] 刘浩.高煤级煤储层水力压裂的裂缝预测模型及效果评价:以沁水盆地南部为例[D].焦作:河南理工大学,2010.

[152] 覃木广.井下煤层水力压裂理论与技术研究现状及发展方向[J].中国矿业,2021,30(6):112-119.

[153] 李俊乾,刘大锰,卢双舫,等.中高煤阶煤岩弹性模量及其影响因素试验研究[J].煤炭科学技术,2016,44(1):102-108.

[154] 岑朝正,蒋永芳,蒋朝军.不同含水率下煤岩弹性模量变化实验分析[J].价值工程,2015,34(24):154-155.

[155] 张小东,杜志刚,李朋朋.不同煤体结构的高阶煤储层物性特征及煤层气产出机理[J].中国科学:地球科学,2017,47(1):72-81.

[156] 李玉伟.割理煤岩力学特性与压裂起裂机理研究[D].大庆:东北石油大学,2014.

[157] 许露露,李雄伟,余江浩,等.沁水盆地郑庄区块煤储层抗拉强度控制因素及其对水力裂缝的影响[J].资源环境与工程,2018,32(3):386-390.

[158] 刘娜,康永尚,李喆,等.煤岩孔隙度主控地质因素及其对煤层气开发的影响[J].现代地质,2018,32(5):963-974.

[159] GAN H,NANDI S P,JR WALKER P L. Nature of the porosity in American coals

[J]. Fuel,1972,51(4):272-277.

[160] 于俊波,郭殿军,王新强.基于恒速压汞技术的低渗透储层物性特征[J].大庆石油学院学报,2006,30(2):22-25.

[161] 聂百胜,杨涛,李祥春.煤粒瓦斯解吸扩散规律实验[J].中国矿业大学学报,2013,42(6):975-981.

[162] 乌效鸣.煤层气井水力压裂计算原理及应用[M].武汉:中国地质大学出版社,1997.

[163] ROBERT A M. Coal structure[M]. [S. l. :s. n.] ,1982.

[164] 马永平,孙卫,琚惠姣,等.基于恒速压汞技术的特低-超低渗砂岩储层微观孔喉特征研究[J].长江大学学报(自然科学版),2012,9(8):44-46.

[165] 薛光武,刘鸿福,要惠芳,等.韩城地区构造煤类型与孔隙特征[J].煤炭学报,2011,36(11):1845-1851.

[166] 魏江,潘结南,刘发义,等.基于压汞及图像处理技术的高阶煤孔裂隙特征研究[J].河南理工大学学报(自然科学版),2021,40(2):8-14.

[167] 李祥春,李忠备,张良,等.不同煤阶煤样孔隙结构表征及其对瓦斯解吸扩散的影响[J].煤炭学报,2019,44(增刊1):142-156.

[168] 霍多特.煤与瓦斯突出[M].宋士钊,等译.北京:中国工业出版社,1966.

[169] 王恩元,何学秋,林海燕.瓦斯气体在煤中的赋存形态[J].煤炭工程师,1996(5):12-15.

[170] 李腾,吴财芳.甲烷吸附前后高煤级煤孔隙结构粒径效应[J].天然气地球科学,2021,32(1):125-135.

[171] 刘俭.中兴矿高瓦斯低渗透煤层水力压裂增透技术研究[D].北京:煤炭科学研究总院,2020.

[172] 尹光志,蒋长宝,王维忠,等.不同卸围压速度对含瓦斯煤岩力学和瓦斯渗流特性影响试验研究[J].岩石力学与工程学报,2011,30(1):68-77.

[173] 刘大锰,周三栋,蔡益栋,等.地应力对煤储层渗透性影响及其控制机理研究[J].煤炭科学技术,2017,45(6):1-8,23.

[174] 李新平,汪斌,周桂龙.我国大陆实测深部地应力分布规律研究[J].岩石力学与工程学报,2012,31(增1):2875-2880.

[175] 康红普,伊丙鼎,高富强,等.中国煤矿井下地应力数据库及地应力分布规律[J].煤炭学报,2019,44(1):23-33.

[176] 徐晓春.水力压裂中地应力及岩石强度参数的研究[D].荆州:长江大学,2012.

[177] 何健.西南地区地应力特征及工程区域地应力反演研究[D].重庆:重庆大学,2017.

[178] 黄中伟.高压水射流辅助压裂机理与实验研究[D].东营:中国石油大学(华东),2006.

[179] HAST N. The state of stresses in the upper part of the earth's crust[J]. Engineering geology,1967,2(1):5-17.

[180] 孙猛.平顶山矿区地应力分布规律及其应用研究[D].徐州:中国矿业大学,2014.

[181] HAYASHI K,ITO T. In situ stress measurement by hydraulic fracturing at the Kamaishi mine[J]. International Journal of rock mechanics and mining sciences and geomechanics abstracts,1993,30(7):951-957.

［182］高峰.地应力分布规律及其对巷道围岩稳定性影响研究［D］.徐州：中国矿业大学,2009.

［183］谢强,邱鹏,余贤斌,等.利用声发射法和变形率变化法联合测定地应力［J］.煤炭学报,2010,35(4):559-564.

［184］李彦兴,董平川.利用岩石的 Kaiser 效应测定储层地应力［J］.岩石力学与工程学报,2009,28(增1):2802-2807.

［185］杨宇江.声发射技术在原岩应力测量中的应用［D］.沈阳：东北大学,2008.

［186］鲍洪志,孙连环,于玲玲,等.利用岩石声发射 Kaiser 效应求取地应力［J］.断块油气田,2009,16(6):94-96.

［187］李利峰,邹正盛,张庆.声发射 Kaiser 效应在地应力测量中的应用现状［J］.煤田地质与勘探,2011,39(1):41-45,51.

［188］卢运虎,陈勉,金衍,等.碳酸盐岩声发射地应力测量方法实验研究［J］.岩土工程学报,2011,33(8):1192-1196.

［189］武东阳,蔚立元,苏海健,等.单轴压缩下加锚裂隙类岩石试块裂纹扩展试验及 PFC³ᴰ模拟［J］.岩土力学,2021,42(6):1681-1692.

［190］张士诚,李四海,邹雨时,等.页岩油水平井多段压裂裂缝高度扩展试验［J］.中国石油大学学报(自然科学版),2021,45(1):77-86.

［191］梁继新.东滩煤矿三采区地应力测量及应力场分析［D］.青岛：山东科技大学,2005.

［192］王亮,龙秀洪,张应文,等.贵州1:20万重力异常分布特征与透露的区域地质构造新信息［J］.贵州地质,2007,24(1):64-69.

［193］孙东生.滨南油田水力压裂模拟试验研究［D］.北京：中国地质科学院,2007.

［194］蒋旭刚.潘二矿水力压裂增透范围研究［D］.焦作：河南理工大学,2011.

［195］罗天雨.水力压裂多裂缝基础理论研究［D］.成都：西南石油大学,2006.

［196］白文勇.煤层水压致裂机理数值模拟研究［D］.西安：西安科技大学,2016.

［197］ALEXEEV A D,VASILENKO T A,ULYANOVA E V. Closed porosity in fossil coals［J］. Fuel,1999,78(6):635-638.

［198］张杨.裂缝性储层人工裂缝起裂及延伸机理研究［D］.大庆：东北石油大学,2012.

［199］WARPINSKI N R,TEUFEL L W. Influence of geologic discontinuities on hydraulic fracture propagation(includes associated papers 17011 and 17074)［J］. Journal of petroleum technology,1987,39(2):209-220.

［200］HOSSAIN M M,RAHMAN M K,RAHMAN S S. Volumetric growth and hydraulic conductivity of naturally fractured reservoirs during hydraulic fracturing:a case study using Australian conditions［C］//SPE Annual Technical Conference and Exhibition,2000.

［201］张杨,王振兰,范文同,等.基于裂缝精细评价和力学活动性分析的储层改造方案优选及其在博孜区块的应用［J］.中国石油勘探,2017,22(6):47-58.

［202］RENSHAW C E,POLLARD D D. An experimentally verified criterion for propagation across unbounded frictional interfaces in brittle, linear elastic materials［J］. International journal of rock mechanics and mining sciences and geomechanics abstracts,1995,32(3):237-249.

[203] BLANTON T L. An experimental study of interaction between hydraulically induced and pre-existing fractures[C]//SPE Unconventional Gas Recovery Symposium,1982.

[204] 王鸿勋,张士诚.水力压裂设计数值计算方法[M].北京:石油工业出版社,1998.

[205] 敖西川.多层水力压裂裂缝延伸数学模型研究与应用[D].成都:西南石油学院,2004.

[206] HE M C. Physical modeling of an underground roadway excavation in geologically 45° inclined rock using infrared thermography[J]. Engineering geology, 2011, 121(3/4):165-176.

[207] 李勇.特低渗透油藏水力压裂中的若干计算与裂缝扩展分析[D].东营:中国石油大学(华东),2008.

[208] 张晓刚,姜文忠,都锋.高瓦斯低透气性煤层增透技术发展现状及前景展望[J].煤矿安全,2021,52(2):169-176.

[209] BURGERT W, LIPPMANN H. Models of translatory rock bursting in coal[J]. International journal of rock mechanics and mining sciences and geomechanics abstracts,1981,18(4):285-294.

[210] MENG Z P, PENG S P, YIN S X, et al. Physical modeling of influence of rock mass structure on roof stability[J]. Journal of China University of Mining and Technology, 2000,10(12):172-176.

[211] GUO Y H, CAO R J, ZHU L H. Research on similar material in physical specimen petrography of rock[J]. Advanced materials research,2012,616/617/618:346-349.

[212] LI S C, WANG H P, ZHANG Q Y, et al. New type geo-mechanical similar material experiments research and its application[J]. Key engineering materials,2006,326/327/328:1801-1804.

[213] 孔令强,孙景民.模拟煤体的相似材料配比试验研究[J].露天采矿技术,2007(4):33-34.

[214] 李宝富,任永康,齐利伟,等.煤岩体的低强度相似材料正交配比试验研究[J].煤炭工程,2011(4):93-95.

[215] 范鹤,刘斌,王成,等.高填土涵洞相似材料的试验研究[J].东北大学学报(自然科学版),2007,28(8):1194-1197.

[216] CHEN S J, LI B, GUO W J. Experimental study on performance of pressure sensor and similar material model[J]. Advanced materials research, 2010, 163/164/165/166/167:4537-4541.

[217] LIU X L, WANG S M, TAN Y Z, et al. The study on the ratio of similar material in landslide model test[J]. Advanced materials research,2011,261/262/263:1679-1684.

[218] CHEN J, JIANG D Y, REN S, et al. Development of creep similar material for salt rock energy storage medium[J]. Advanced materials research,2012,512/513/514/515:938-943.

[219] 张帆,马耕,刘晓,等.相似材料中煤粉粒径对水力压裂影响的试验研究[J].煤矿安全,2017,48(5):29-32.

[220] 李慧鹏,吴琼.基于水力压裂技术的煤层应力试验研究[J].煤炭与化工,2018,

41(12):103-108,112.

[221] 黄长国,罗国辉,康建宁,等.西南地区煤矿瓦斯灾害现状及防治对策研究[J].矿业安全与环保,2015,42(5):112-115.

[222] 康永尚,孙良忠,张兵,等.中国煤储层渗透率分级方案探讨[J].煤炭学报,2017,42(增刊1):186-194.

[223] 王春光,张东旭.深部煤矿开采瓦斯综合治理技术研究[J].煤炭科学技术,2013,41(8):11-14.

[224] 王涛,柳占立,高岳,等.基于给定参数的水力裂缝与天然裂缝相互作用结果的预测准则[J].工程力学,2018,35(11):216-222.

[225] PROFIT M,DUTKO M,YU J G,et al. Complementary hydro-mechanical coupled finited iscrete element and microseismic modelling to predict hydraulic fracture propagation in tight shale reservoirs[J]. Computational particle mechanics,2016,3(2):229-248.

[226] 陆沛青,李根生,沈忠厚,等.裂缝充填物对脉动水力压裂应力扰动效果的数值模拟[J].中国石油大学学报(自然科学版),2015,39(4):77-84.

[227] 张然,李根生,朱海燕.水平多裂缝交错扩展及其诱导应力干扰研究[J].西南石油大学学报(自然科学版),2017,39(1):91-99.

[228] 朱红青,张民波,顾北方,等.脉动孔隙水压下低透性松软煤岩损伤变形的实验分析[J].煤炭学报,2014,39(7):1269-1274.

[229] 李芷,贾长贵,杨春和,等.页岩水力压裂水力裂缝与层理面扩展规律研究[J].岩石力学与工程学报,2015,34(1):12-20.

[230] 王耀锋,何学秋,王恩元,等.水力化煤层增透技术研究进展及发展趋势[J].煤炭学报,2014,39(10):1945-1955.

[231] 苏现波,宋金星,郭红玉,等.煤矿瓦斯抽采增产机制及关键技术[J].煤炭科学技术,2020,48(12):1-30.

[232] 王魁军,张兴华.中国煤矿瓦斯抽采技术发展现状与前景[J].中国煤层气,2006,3(1):13-16,39.

[233] 李全贵,林柏泉,翟成,等.煤层脉动水力压裂中脉动参量作用特性的实验研究[J].煤炭学报,2013,38(7):1185-1190.

[234] 郭红玉,苏现波,夏大平,等.煤储层渗透率与地质强度指标的关系研究及意义[J].煤炭学报,2010,35(8):1319-1322.

[235] 孙炳兴,王兆丰,伍厚荣.水力压裂增透技术在瓦斯抽采中的应用[J].煤炭科学技术,2010,38(11):78-80,119.

[236] 何启林,常胜秋,谢满温.水采工作面瓦斯涌出规律的研究[J].水力采煤与管道运输,2003(1):31-33.

[237] 钮彬炜.页岩水力压裂裂缝形态与延伸扩展规律的宏细观研究[D].重庆:重庆大学,2018.

[238] 郭佳奇,乔春生.岩溶隧道掌子面突水机制及岩墙安全厚度研究[J].铁道学报,2012,34(3):105-111.

[239] 吕爱钟,张路青.地下隧洞力学分析的复变函数方法[M].北京:科学出版社,2007.

[240] 沈春明.围压下切槽煤体卸压增透应力损伤演化模拟分析[J].煤炭科学技术,2015,43(12):51-56,50.

[241] 梁冰,秦冰,孙福玉,等.煤与瓦斯共采评价指标体系及评价模型的应用[J].煤炭学报,2015,40(4):728-735.

[242] 徐明智,李希建.煤层瓦斯抽放半径及其影响因素的数值模拟[J].工业安全与环保,2012,38(12):28-30.

[243] 张钧祥,李波,韦纯福,等.基于扩散-渗流机理瓦斯抽采三维模拟研究[J].地下空间与工程学报,2018,14(1):109-116.

[244] 屈海军.鹤煤十矿二₁煤层瓦斯抽采半径确定方法[J].陕西煤炭,2018(5):107-109.

[245] 朱南南,张浪,范喜生,等.基于瓦斯径向渗流方程的有效抽采半径求解方法研究[J].煤炭科学技术,2017,45(10):105-110.

[246] 刘三钧,马耕,卢杰,等.基于瓦斯含量的相对压力测定有效半径技术[J].煤炭学报,2011,36(10):1715-1719.

[247] 王兆丰,席杰,陈金生,等.底板岩巷穿层钻孔一孔多用瓦斯抽采时效性研究[J].煤炭科学技术,2021,49(1):248-256.

[248] 李子文,林柏泉,郭明功,等.基于一维径向流动确定钻孔瓦斯抽采有效影响半径[J].煤炭科学技术,2014,42(12):62-64.

[249] 徐东方,覃佐亚,旷裕光,等.近距离煤层群上保护层开采防突优化设计[J].煤炭技术,2018,37(11):183-185.

[250] 舒龙勇,齐庆新,王凯,等.煤矿深部开采卸荷消能与煤岩介质属性改造协同防突机理[J].煤炭学报,2018,43(11):3023-3032.

[251] 黄振华.缓倾斜多煤层下保护层开采的卸压瓦斯抽采设计研究[D].重庆:重庆大学,2011.

[252] 王万彬,陈华生,舒明媚,等.水力裂缝高度关键影响因素不确定性分析[J].辽宁工程技术大学学报(自然科学版),2020,39(3):245-258.

[253] 李貅.瞬变电磁测深的理论与应用[M].西安:陕西科学技术出版社,2002.

[254] 贾奇锋,倪小明,赵永超,等.不同煤体结构煤的水力压裂裂缝延伸规律[J].煤田地质与勘探,2019,47(2):51-57.

[255] 闫铁,李玮,毕雪亮.清水压裂裂缝闭合形态的力学分析[J].岩石力学与工程学报,2009,28(增2):3471-3476.

[256] 邹立双,李栋,王浩明.煤矿瓦斯抽采管网监控与分元评价系统研究与应用[J].矿业安全与环保,2021,48(1):69-74.